Berichte zur Lebensmittelsicherheit 2014

Berichte zur Lebensmittelsicherheit 2014

Bundesweiter Überwachungsplan 2014

Gemeinsamer Bericht des Bundes und der Länder

BVL-Reporte

IMPRESSUM

Bibliografische Information der Deutschen Bibliothek

Die Deutsche Nationalbibliothek verzeichnet diese Publikation in der Deutschen Nationalbibliografie; detaillierte bibliografische Daten sind im Internet über http://dnb.d-nb.de abrufbar.

ISBN 978-3-319-25556-9
ISBN 978-3-319-27906-0 (eBook)
DOI 10.1007/978-3-319-27906-0

Herausgeber: Bundesamt für Verbraucherschutz und Lebensmittelsicherheit (BVL)
Dienststelle Berlin
Mauerstraße 39–42
D-10117 Berlin

Schlussredaktion: Doris Schemmel, Dr. Saskia Dombrowski (BVL, Pressestelle)

Koordination: Dr. Anne Herrfurt (BVL, Ref. 103)

Redaktionsgruppe: Birgit Bienzle (LAV-ALB), Dr. Hubert Diepolder (ALTS),
Birgit Ehrentreich (LAV-ALB), Dr. Anne Herrfurt (BVL, Ref. 103), Dr. Axel Preuß (ALS), Dr. Martina Senger-Weil (BVL, Ref. 103), Dr. Sylvia Stritzl-Bomke (LAV-AFFL)

Die Autoren der Berichte zu den einzelnen Programmen werden in den Kapiteln 4 bis 7 unter der betreffenden Programmübersicht genannt.

ViSdP: Nina Banspach (BVL, Pressestelle)
Umschlaggestaltung: deblik Berlin
Titelbild: © iStock.com/promicrostockraw
Satz: le-tex publishing services GmbH

Gedruckt auf säurefreiem und chlorfrei gebleichtem Papier

Springer International Publishing AG Switzerland ist Teil der Fachverlagsgruppe Springer Science+Business Media (www.springer.com)

Inhaltsverzeichnis

Rechtliche Grundlagen

Die „Allgemeine Verwaltungsvorschrift über Grundsätze zur Durchführung der amtlichen Überwachung der Einhaltung lebensmittelrechtlicher, weinrechtlicher, futtermittelrechtlicher und tabakrechtlicher Vorschriften (AVV Rahmen-Überwachung – AVV RÜb)" vom 3. Juni 2008 regelt Grundsätze für die Zusammenarbeit der Behörden der Länder untereinander und mit dem Bund und soll zu einer einheitlichen Durchführung der lebensmittelrechtlichen und weinrechtlichen Vorschriften für die amtliche Kontrolle beitragen.

Je 1.000 Einwohner und Jahr muss die Zahl amtlicher Proben in Deutschland nach § 9 der AVV RÜb bei Lebensmitteln grundsätzlich 5, dementsprechend insgesamt ca. 400.000 Proben betragen. Bei Tabakerzeugnissen, kosmetischen Mitteln und Bedarfsgegenständen müssen insgesamt 0,5 Proben je 1.000 Einwohner bzw. insgesamt ca. 40.000 Proben untersucht werden. Ein Teil dieser Gesamtprobenzahl (0,15 bis 0,45 Proben je 1.000 Einwohner und Jahr, d. h. ca. 12.000 bis ca. 36.000 Proben) wird nach § 11 AVV RÜb bundesweit einheitlich im Rahmen des Bundesweiten Überwachungsplans (BÜp) und anderer koordinierter Programme untersucht.

Berichte zur Lebensmittelsicherheit 2014, DOI 10.1007/978-3-319-27906-0_1,
© Bundesamt für Verbraucherschutz und Lebensmittelsicherheit (BVL) 2016

Der Bundesweite Überwachungsplan (BÜp) ist ein für ein Jahr festgelegter Plan über die zwischen den Ländern abgestimmte Durchführung von amtlichen Kontrollen zur Überprüfung der Einhaltung der lebensmittelrechtlichen, weinrechtlichen und tabakrechtlichen Vorschriften. Er kann Programme zu Produkt- und Betriebskontrollen oder eine Kombination aus beidem enthalten. Im Gegensatz zum Monitoring nach §§ 50 – 52 des Lebensmittel- und Futtermittelgesetzbuchs (LFGB) ist der BÜp ein risikoorientiertes Überwachungsprogramm. Das heißt, dass die Auswahl der zu untersuchenden Proben und der zu kontrollierenden Betriebe gezielt auf Basis einer Risikoanalyse erfolgt. Im Rahmen des BÜp können Lebensmittel, Kosmetika, Bedarfsgegenstände und Tabakerzeugnisse untersucht werden. Die Untersuchungen können dabei beispielsweise die folgenden Aspekte abdecken: chemische Parameter, mikrobiologische Parameter, die Anwendung bestimmter Herstellungsverfahren oder die Überprüfung von Kennzeichnungselementen. Betriebskontrollen werden vorrangig zur Prüfung der Einhaltung hygienerechtlicher Vorgaben, der Rückverfolgbarkeit, der Zusammensetzung und der Kennzeichnung der Produkte durchgeführt.

Ziel des BÜp ist es, bundesweite Aussagen über die Einhaltung lebensmittelrechtlicher, weinrechtlicher und tabakrechtlicher Vorschriften einschließlich des Täuschungsschutzes zu erhalten. Gerade bei neuen gesetzlichen Regelungen wie beispielsweise neu eingeführten Höchstgehalten oder geänderten Kennzeichnungsvorschriften sind bundesweite Aussagen zum Grad der Umsetzung bzw. der Verstöße von Interesse. Außerdem werden die im BÜp erhobenen Daten regelmäßig zur Klärung von aktuellen Fragestellungen verwendet. So kann z.B. untersucht werden, ob und in welchem Ausmaß inakzeptable Kontaminationen in Produkten vorliegen, was ggf. zur Festlegung vorläufiger Höchstgehalte führen kann.

Die Länder, das Bundesministerium für Ernährung und Landwirtschaft (BMEL), das Bundesinstitut für Risikobewertung (BfR) sowie das Bundesamt für Verbraucherschutz und Lebensmittelsicherheit (BVL) können Vorschläge für BÜp-Programme einreichen. Die Entscheidung, welche dieser Programme tatsächlich durchgeführt werden sollen, wird von einer Expertengruppe getroffen, in der die oben genannten Institutionen vertreten sind.

Da aufgrund regionaler Unterschiede nicht alle Fragestellungen für alle Länder gleich relevant sind, entscheiden diese eigenständig, an welchen BÜp-Programmen sie sich mit wie vielen Proben beteiligen. Eine Umsetzung der Programme erfolgt nur dann, wenn mindestens zwei Länder eine Beteiligung daran zusagen. Auf der Basis der ausgewählten Programme wird vom BVL der BÜp erstellt.

Die im Rahmen des BÜp erhobenen Daten werden dem BVL übermittelt. Nach Überprüfung der Vollständigkeit der von den Ländern übermittelten Daten werden die Einzeldaten zu den einzelnen Programmen zusammengestellt. Nach einer ersten Plausibilitätsprüfung im BVL werden die zusammengestellten Einzeldaten den Programminitiatoren übermittelt, die ihrerseits eine weitere Plausibilitätsprüfung der Daten vornehmen. Gleichzeitig mit den Einzeldaten erhalten die Programminitiatoren einen Vorschlag für die tabellarische Darstellung der Auswertungen. Entsprechend der Rückmeldung des jeweiligen Programminitiators werden die Auswertungen der Daten in der Regel im BVL vorgenommen. Anhand der vom BVL übermittelten Auswertungen erstellen die Programminitiatoren einen Berichtsentwurf. Die dem BVL übermittelten Berichtsentwürfe werden mit den allgemeinen Kapiteln zu einem Gesamtberichtsentwurf zusammengeführt und der BÜp-Redaktionsgruppe übermittelt. Die in der Redaktionsgruppe abgestimmte Fassung wird anschließend den obersten Landesbehörden zur Zustimmung übermittelt. Nach der gemeinsamen öffentlichen Vorstellung des Endberichtes durch das BVL und den LAV-Vorsitz steht dieser gemeinsame Bericht des Bundes und der Länder sowohl in gedruckter Form als auch elektronisch unter www.bvl.bund.de/buep allen Interessierten zur Verfügung.

Berichte zur Lebensmittelsicherheit 2014, DOI 10.1007/978-3-319-27906-0_2,
© Bundesamt für Verbraucherschutz und Lebensmittelsicherheit (BVL) 2016

Insgesamt wurden 16 Programme für den BÜp 2014 ausgewählt, an denen sich die Länder mit ca. 6.100 Proben beteiligten (Tab. 3.1). Im Rahmen der Betriebskontrollen erfolgte im BÜp 2014 ein umfangreiches Programm zur Rückverfolgbarkeit, an dem alle Länder beteiligt waren und bei dem zahlreiche Betriebe innerhalb der Rückverfolgbarkeitsketten untersucht wurden (Kap. 7.1). Es wurden Probenahmen in den Bereichen Lebensmittel, Bedarfsgegenstände und Kosmetika sowie Betriebskontrollen durchgeführt. Tabelle 3.2 zeigt eine Übersicht der Beteiligung der Länder an den einzelnen Programmen.

Die Programme und deren Ergebnisse werden in Kapitel 4 detailliert dargestellt. Die Empfehlungen, die für die amtliche Kontrolle aus den Ergebnissen abgeleitet werden können, sind in Tabelle 3.1 in kurzer und prägnanter Form gelistet.

Tab. 3.1 Programme des Bundesweiten Überwachungsplans 2014 sowie Anzahl ausgewerteter Proben und Empfehlungen, die für die amtliche Kontrolle oder den Gesetzgeber aus diesen Programmen abgeleitet werden können

Kap.	Programm	Anzahl Proben	Anzahl Betriebskontrollen	Empfehlung
Untersuchung von Lebensmitteln auf Stoffe und die Anwendung von Verfahren				
4.1	Chemische Untersuchung von Grünkern auf Benzo(a)pyren, Benzo(a)anthracen, Benzo(b)fluoranthen, Chrysen	164	–	stichprobenartige, routinemäßige Kontrolle
4.2	Untersuchung von Fleisch und Fleischerzeugnissen, deren Kennzeichnung „Rindfleisch" aufweist, auf andere, nicht deklarierte Tierarten (außer Pferdefleisch)	488	–	verstärkte Berücksichtigung in der amtlichen Kontrolle
4.3	Untersuchung von Fertiggerichten, deren Kennzeichnung „Rindfleisch" aufweist, auf andere, nicht deklarierte Tierarten (außer Pferdefleisch)	422	–	verstärkte Berücksichtigung in der amtlichen Kontrolle
4.4	*Trans*-Fettsäuren in Feinen Backwaren und Margarinen	407	–	stichprobenartige, routinemäßige Kontrolle
4.5	T-2- und HT-2-Toxin in Getreide	453	–	stichprobenartige, routinemäßige Kontrolle
4.6	Selen in bilanzierten Diäten, die für Säuglinge bestimmt sind	149	–	stichprobenartige, routinemäßige Kontrolle
4.7	Verarbeitung von Separatorenfleisch in feinzerkleinerter Brühwurst mit hervorhebenden Qualitätsangaben	250	–	stichprobenartige, routinemäßige Kontrolle
4.8	Rückstände von Antibiotika in Fischen aus Aquakultur aus Drittländern (außer Lachs)	158	–	verstärkte Berücksichtigung in der amtlichen Kontrolle
4.9	Nitrat in Rucola	379	–	stichprobenartige, routinemäßige Kontrolle

Berichte zur Lebensmittelsicherheit 2014, DOI 10.1007/978-3-319-27906-0_3,
© Bundesamt für Verbraucherschutz und Lebensmittelsicherheit (BVL) 2016

Tab. 3.1 *Fortsetzung*

Kap.	Programm	Anzahl Proben	Anzahl Betriebskontrollen	Empfehlung
Untersuchung von Lebensmitteln auf Mikroorganismen				
5.1	Mikrobiologischer Status von Schlagsahne aus Sahne-automaten	1.203	–	verstärkte Berücksichtigung in der amtlichen Kontrolle; ggf. Wieder-aufgreifen in einem angepassten Programm
5.2	Mikrobiologisch-hygienische und sensorische Beschaffen-heit von trocken gereiftem, verkaufsfertig zugeschnittenem Rindfleisch („Dry Aged Beef")	138	–	stichprobenartige, routinemäßige Kontrolle
Untersuchung von Bedarfsgegenständen und kosmetischen Mitteln				
6.1	Nickelabgabe aus Modeschmuck/Piercingschmuck	556	–	verstärkte Berücksichtigung in der amtlichen Kontrolle; ggf. Wieder-aufgreifen in einem angepassten Programm
6.2	Chrom (VI) und Azofarbstoffe in Bedarfsgegenständen aus Leder mit Körperkontakt	386	–	verstärkte Berücksichtigung in der amtlichen Kontrolle
6.3	Bestimmung von Panthenol in kosmetischen Mitteln bei Auslobungen mit Bezug auf ein gesteigertes Feuchthalte-vermögen der Haut oder Stimulierung der Epithelisierung	500	–	stichprobenartige, routinemäßige Kontrolle
6.4	Ausmaß der Freisetzung von Metallen aus Lebensmittel-kontaktmaterialien	404	–	stichprobenartige, routinemäßige Kontrolle
Betriebskontrollen				
7.1	Bundesweiter Rückverfolgbarkeitstest ALL STEPS DOWN, ausgehend von einem Fleischerzeugnis	–	s. Kommentar*	ggf. Wiederaufgreifen in einem an-gepassten Programm
	Gesamt	**6.057**		

* Im Rahmen der Betriebskontrollen erfolgte im BÜp 2014 ein umfangreiches Programm zur Rückverfolgbarkeit, an dem alle Länder beteiligt waren und zahlreiche Betriebe innerhalb der Rückverfolgbarkeitsketten untersucht wurden (Kap. 7.1).

Tab. 3.2 Beteiligung der Länder an den einzelnen Programmen des Bundesweiten Überwachungsplans 2014
BW: Baden-Württemberg, BY: Bayern, BE: Berlin, BB: Brandenburg, HB: Bremen, HH: Hamburg, HE: Hessen, MV: Mecklenburg-Vorpommern, NI: Niedersachsen, NW: Nordrhein-Westfalen, RP: Rheinland-Pfalz, SL: Saarland, SN: Sachsen, ST: Sachsen-Anhalt, SH: Schleswig-Holstein, TH: Thüringen, BMVg: Bundeswehr

Kap.	Programm	BW	BY	BE	BB	HB	HH	HE	MV	NI	NW	RP	SL	SN	ST	SH	TH	BMVg
	Untersuchung von Lebensmitteln auf Stoffe und die Anwendung von Verfahren																	
4.1	Chemische Untersuchung von Grünkern auf Benzo(a)pyren, Benzo(a)anthracen, Benzo(b)fluoranthen, Chrysen	✓	✓	✓	✓		✓			✓	✓	✓					✓	
4.2	Untersuchung von Fleisch und Fleischerzeugnissen, deren Kennzeichnung „Rindfleisch" aufweist, auf andere, nicht deklarierte Tierarten (außer Pferdefleisch)	✓	✓	✓	✓	✓	✓	✓	✓	✓	✓	✓	✓	✓		✓		
4.3	Untersuchung von Fertiggerichten, deren Kennzeichnung „Rindfleisch" aufweist, auf andere, nicht deklarierte Tierarten (außer Pferdefleisch)	✓	✓	✓	✓		✓	✓	✓	✓	✓	✓	✓	✓	✓	✓		
4.4	*Trans*-Fettsäuren in Feinen Backwaren und Margarinen	✓	✓	✓			✓	✓	✓	✓	✓	✓		✓	✓	✓	✓	
4.5	T-2- und HT-2-Toxin in Getreide	✓	✓	✓	✓			✓	✓		✓	✓		✓	✓			
4.6	Selen in bilanzierten Diäten, die für Säuglinge bestimmt sind	✓	✓	✓	✓		✓				✓	✓		✓	✓	✓		
4.7	Verarbeitung von Separatorenfleisch in feinzerkleinerter Brühwurst mit hervorhebenden Qualitätsangaben		✓	✓	✓			✓	✓	✓	✓			✓				
4.8	Rückstände von Antibiotika in Fischen aus Aquakultur aus Drittländern (außer Lachs)	✓		✓	✓	✓	✓			✓		✓		✓	✓			
4.9	Nitrat in Rucola		✓	✓			✓	✓	✓	✓	✓	✓	✓	✓	✓	✓	✓	
	Untersuchung von Lebensmitteln auf Mikroorganismen																	
5.1	Mikrobiologischer Status von Schlagsahne aus Sahneautomaten	✓		✓	✓	✓	✓	✓	✓	✓	✓	✓	✓	✓	✓	✓	✓	
5.2	Mikrobiologisch-hygienische und sensorische Beschaffenheit von trocken gereiftem, verkaufsfertig zugeschnittenem Rindfleisch („Dry Aged Beef")	✓	✓	✓	✓			✓		✓	✓	✓	✓	✓		✓		
	Untersuchung von Bedarfsgegenständen und kosmetischen Mitteln																	
6.1	Nickelabgabe aus Modeschmuck/Piercingschmuck	✓	✓	✓	✓		✓	✓	✓	✓	✓	✓		✓	✓	✓	✓	
6.2	Chrom (VI) und Azofarbstoffe in Bedarfsgegenständen aus Leder mit Körperkontakt	✓	✓	✓	✓		✓	✓		✓	✓	✓		✓	✓	✓	✓	
6.3	Bestimmung von Panthenol in kosmetischen Mitteln bei Auslobungen mit Bezug auf ein gesteigertes Feuchthaltevermögen der Haut oder Stimulierung der Epithelisierung	✓	✓	✓	✓		✓	✓	✓	✓	✓			✓	✓	✓	✓	
6.4	Ausmaß der Freisetzung von Metallen aus Lebensmittelkontaktmaterialien	✓	✓	✓	✓		✓	✓	✓	✓	✓	✓	✓	✓		✓	✓	
	Betriebskontrollen																	
7.1	Bundesweiter Rückverfolgbarkeitstest ALL STEPS DOWN, ausgehend von einem Fleischerzeugnis	✓	✓	✓	✓	✓	✓	✓	✓	✓	✓	✓	✓	✓	✓	✓	✓	

4.1 Chemische Untersuchung von Grünkern auf Benzo(a)pyren, Benzo(a)anthracen, Benzo(b)fluoranthen, Chrysen

Dr. Gabriele Witt, LLBB

4.1.1 Ausgangssituation

Grünkern ist das halbreif geerntete und unmittelbar darauf durch Hitze getrocknete Korn des Dinkels.

Als Wintergetreide wird der für Grünkern bestimmte Dinkel schon Ende Juli geerntet und anschließend traditionell über einem Buchenholzfeuer oder heute auch in Heißluftanlagen gedarrt.

Durch das Darren bei 120 °C – 150 °C auf der Darrpfanne einer speziellen Grünkerndarre erhält der Grünkern durch die Hitzeentwicklung und den Buchenholzrauch seinen spezifischen Geschmack. Durch diesen dem Räuchern ähnlichen Prozess besteht die Möglichkeit, dass polyzyklische aromatische Kohlenwasserstoffe (PAK) gebildet werden. Erste Untersuchungen im Landeslabor Brandenburg hatten dies bestätigt. Grünkern enthielt damals durchschnittlich 26 µg/kg PAK, davon 4 µg/kg Benzo(a)pyren (BaP), 13 µg/kg Benzo(a)anthracen (BaA), 2 µg/kg Benzo(b)fluoranthen (BbF) und 7 µg/kg Chrysen (Chr).

4.1.2 Ziel

Mit diesem Programm sollte der Gehalt der PAK-4-Einzelsubstanzen Benzo(a)pyren, Benzo(a)anthracen, Benzo(b)fluoranthen und Chrysen sowie der Gehalt der Summe der PAK-4 in Grünkern bestimmt werden.

4.1.3 Ergebnisse

An diesem Programm beteiligten sich 9 Bundesländer mit insgesamt 163 auswertbaren Proben, davon 153 Grünkern-, 9 Grünkernschrotproben und eine Grünkernmehlprobe. Die hohen Gehalte der wenigen vorangegangenen Untersuchungen wurden nicht bestätigt. Auch die Maximalwerte lagen für 3 der 4 Einzelsubstanzen und für die Summe der PAK-4 darunter (Tab. 4.1.1). Allerdings liegt das 90. Perzentil im Bereich von Höchstgehaltsfestlegungen, z. B. für geräuchertes Fleisch und geräucherte Fleischerzeugnisse. Bei 19 Proben war der Gehalt an BaP größer beziehungsweise gleich 2 µg/kg, bei 45 Proben lag er zwischen 1 µg/kg und 2 µg/kg.

Tab. 4.1.1 PAK–Gehalte in Grünkern und Grünkernerzeugnissen[a]

Parameter	Anzahl untersuchter Proben	Anzahl Proben mit quantifizierbaren Gehalten	Minimum	Mittelwert	Median	90. Perzentil	Maximum
BaP-Gehalt (µg/kg)	163	128	–	0,91	0,75	2,00	3,10
BaA-Gehalt (µg/kg)	163	135	–	1,61	1,22	3,88	6,30
BbF-Gehalt (µg/kg)	163	121	–	0,92	0,76	2,16	3,40
Chr-Gehalt (µg/kg)	163	136	–	5,52	1,60	4,48	7,70
Summe der PAK-4-Gehalte[b] (µg/kg)	163	121	–	0,91	4,24	12,5	20,4

[a] Grünkernschrot und Grünkernmehl
[b] Summe der Gehalte an BaP, BaA, BbF und Chr in den Proben, die auf alle 4 Stoffe untersucht wurden

Berichte zur Lebensmittelsicherheit 2014, DOI 10.1007/978-3-319-27906-0_4,
© Bundesamt für Verbraucherschutz und Lebensmittelsicherheit (BVL) 2016

4.1.4 Schlussfolgerungen

Die Ergebnisse dieses Programms zeigen, dass eine stichprobenartige Kontrolle im Rahmen der Routineüberwachung ausreichend ist.

4.2 Untersuchung von Fleisch und Fleischerzeugnissen, deren Kennzeichnung „Rindfleisch" aufweist, auf andere, nicht deklarierte Tierarten (außer Pferdefleisch)

Marie-Luise Trebes, BMEL

4.2.1 Ausgangssituation

In Deutschland wurden anlässlich des Pferdefleischskandals entsprechend Ziffer 2 des Nationalen Aktionsplans („Deutschland plus") über die EU-Vorgaben hinaus zahlreiche Proben von Fleischerzeugnissen auf nicht deklarierte Zutaten anderer Tierarten untersucht. Die Ergebnisse zeigten, dass weitere Untersuchungen auf die Beimengung von Teilen anderer Tierarten als Pferdefleisch in solchen Lebensmitteln sinnvoll sind, deren Kennzeichnung „Rindfleisch" aufweist. Ein Fokus liegt hierbei auf Schweinefleisch. Daneben sollten auch Anteile anderer Tierarten, wie z. B. Schaf, Esel oder Ziege, detektiert werden.

4.2.2 Ziel

Dieses Programm sollte der weiteren Bearbeitung der unter 4.2.1 aufgezeigten Fragestellung hinsichtlich anderer, nicht deklarierter Tierarten als Pferdefleisch in Fleisch und Fleischerzeugnissen dienen.

4.2.3 Ergebnisse

An diesem Programm beteiligten sich 14 Länder mit 488 auswertbaren Proben. In einer Vielzahl der untersuchten Proben und in den relevanten Warengruppen (z. B. Hackfleisch, Rohwürste, Rindfleischerzeugnisse und Rindfleischkonserven) wurden Anteile anderer Tierarten (Fremd-DNA), insbesondere Schwein und Geflügel, nachgewiesen.

Aufgrund der Empfindlichkeit des Untersuchungsverfahrens und der festgestellten Gehalte lassen die Ergebnisse nicht sicher darauf schließen, ob die detektierte Fremd-DNA aus nicht deklarierten Zutaten stammt.

Es ist daher zu empfehlen, Verdachtsmomenten im Einzelfall nachzugehen.

4.2.4 Schlussfolgerungen

Die Ergebnisse dieses Programms zeigen, dass das hier behandelte Thema im Rahmen der amtlichen Kontrolle verstärkt berücksichtigt werden sollte.

4.2.5 Literatur

BVL (2011) Berichte zur Lebensmittelsicherheit 2010 – Bundesweiter Überwachungsplan 2010, BVL-Reporte, Band 6, Heft 1, ISBN 978-3-0348-0265-9, S. 7

4.3 Untersuchung von Fertiggerichten, deren Kennzeichnung „Rindfleisch" aufweist, auf andere, nicht deklarierte Tierarten (außer Pferdefleisch)

Marie-Luise Trebes, BMEL

4.3.1 Ausgangssituation

In Deutschland wurden anlässlich des Pferdefleischskandals entsprechend Ziffer 2 des Nationalen Aktionsplans („Deutschland plus") über die EU-Vorgaben hinaus zahlreiche Proben von Fleischerzeugnissen auf andere, nicht deklarierte Fleischzutaten untersucht. Die Ergebnisse dieser Untersuchungen zeigen, dass weitere Untersuchungen auf die Beimengung von Teilen anderer Tierarten als Pferdefleisch in solchen Lebensmitteln sinnvoll sind, deren Kennzeichnung „Rindfleisch" aufweist. Ein Fokus liegt hierbei auf Schweinefleisch, aber auch Anteile anderer Tierarten, wie z. B. von Schaf, Esel oder Ziege, sollen detektiert werden.

4.3.2 Ziel

Dieses Programm dient der weiteren Bearbeitung der unter 4.3.1 aufgezeigten Fragestellung hinsichtlich anderer, nicht deklarierter Tierarten als Pferdefleisch in Fleisch und Fleischerzeugnissen. In diesem Programm wurde auf Fertiggerichte fokussiert.

4.3.3   Ergebnisse

An diesem Programm beteiligten sich 14 Länder mit insgesamt 422 auswertbaren Proben. In einer Vielzahl der untersuchten Proben und in den relevanten Warengruppen (z. B. Fertiggerichte, Suppen, Eintöpfe, gefüllte Teigwaren) wurden Anteile anderer Tierarten (Fremd-DNA), insbesondere Schwein, nachgewiesen.

Aufgrund der Empfindlichkeit des Untersuchungsverfahrens und der festgestellten Gehalte lassen die Ergebnisse nicht sicher darauf schließen, ob die detektierte Fremd-DNA aus nicht deklarierten Zutaten stammt.

Es ist daher zu empfehlen, Verdachtsmomenten im Einzelfall nachzugehen.

4.3.4   Schlussfolgerungen

Die Ergebnisse dieses Programms zeigen, dass das hier behandelte Thema im Rahmen der amtlichen Kontrolle verstärkt berücksichtigt werden sollte.

4.3.5   Literatur

Gremium für Kontaminanten in der Lebensmittelkette (CONTAM) (2010): Scientific Opinion on Lead in Food, EFSA Journal 2010; 8(4):1570, S. 151

4.4   *Trans*-Fettsäuren in Feinen Backwaren und Margarinen

Klara Jirzik, BVL

4.4.1   Ausgangssituation

Trans-Fettsäuren sind ungesättigte Fettsäuren mit mindestens einer Doppelbindung in der *trans*-Konfiguration. Sie entstehen vor allem durch die industrielle Teilhärtung pflanzlicher Öle mit einem hohen Gehalt an mehrfach ungesättigten Fettsäuren. Beim Härten entstehen Margarinen mit besonderen technologischen Eigenschaften, die für den jeweiligen Einsatz im Lebensmittel notwendig sind.

Margarinen finden in der Lebensmittelindustrie vielfach Verwendung, insbesondere bei der Herstellung von Feinen Backwaren auf Basis von Ziehteigen (Blätter-und Plunderteig), Rühr- oder Sandmasse sowie Mürbeteig und bei der Herstellung von Kremtorten. Ein Eintrag von

trans-Fettsäuren in Feine Backwaren kann daher u. a. über Industriemargarinen wie Back-, Krem- und Ziehmargarine erfolgen.

Im Jahr 2012 wurden im Rahmen einer gemeinsamen Initiative des BMEL und der deutschen Lebensmittelwirtschaft mit wissenschaftlicher Unterstützung der Bundesforschungsanstalt für Ernährung und Lebensmittel (Max Rubner-Institut) Leitlinien entwickelt, die die Lebensmittelhersteller bei der Reduktion von *trans*-Fettsäuren in Lebensmitteln unterstützen sollen. Soweit unter Berücksichtigung der technologischen Möglichkeiten machbar und in vernünftiger Weise erreichbar, wird eine Reduktion des *trans*-Fettsäurengehaltes auf unter 2 g/100 g bezogen auf den Gesamtfettgehalt als Zielgröße angestrebt.

4.4.2   Ziel

Im Rahmen dieses Programms sollte der Gehalt an *trans*-Fettsäuren in Feinen Backwaren aus Zieh- bzw. Blätterteig (insbesondere Blätterteiggebäck, Croissants und Plundergebäck), Feinen Backwaren aus Rühr- oder Sandmasse und Mürbeteig sowie in Kremtorten bestimmt werden. Gleichzeitig sollten die für die Herstellung von Feinen Backwaren verwendeten Margarinen (Ziehmargarine, Backmargarine und Kremmargarine) auf ihren *trans*-Fettsäurengehalt hin analysiert werden. Ziel des Programms war es auch, einen Vergleich der Herstellungsarten in Handwerk und Industrie hinsichtlich unterschiedlicher *trans*-Fettsäurengehalte vorzunehmen.

4.4.3   Ergebnisse

An diesem Programm beteiligten sich 13 Länder mit insgesamt 407 auswertbaren Proben, die sowohl in handwerklichen Betrieben (u. a. Bäckereien bzw. Konditoreien) als auch in industriellen Großbetrieben (u. a. Brotfabriken/Großbäckereien, Konditoreien, Herstellern von Getreideprodukten einschl. Backvormischungen, Einzelhandel-Bäckereifilialen etc.) entnommen wurden.

Die Untersuchungsergebnisse zu den Gehalten an *trans*-Fettsäuren in Feinen Backwaren und den hierfür verwendeten Margarinen sind in den Tabellen 4.4.1 bis 4.4.6 dargestellt. Neben dem Gesamtgehalt an *trans*-Fettsäuren wurden auf freiwilliger Basis auch einzelne *trans*-Fettsäuren wie der Gehalt an Elaidinsäure (Octadecensäure, C18:1 *trans*-9), Palmitelaidinsäure (Hexadecensäure, C16:1 *trans*-9) und Vaccensäure, (Octadecensäure, C18:1 *trans*-11) bestimmt. Da es bei diesem Programm vorrangig um die Beurteilung der Gesamtbelastung mit

Tab. 4.4.1 Warengruppen, die auf *trans*-Fettsäuren und Fettgehalt untersucht worden sind, mit Gesamtprobenzahlen sowie quantitativen Angaben zu den in den untersuchten Lebensmitteln nachgewiesenen *trans*-Fettsäuren; Angaben in Summe *trans*-Fettsäuren (g/100 g) bezogen auf die Bezugssubstanz Gesamtfett

Warengruppe	Anzahl untersuchter Proben	Anzahl Untersuchungen mit quantifizierten Gehalten	*Trans*-Fettsäurengehalt (g/100 g)				
			Minimum	Mittelwert	Median	90. Perzentil	Maximum
Ziehmargarine	170	168	0,08	1,00	0,39	2,72	10,8
Backmargarine	111	107	0,10	0,75	0,37	1,24	10,4
Kremmargarine	3	3	0,20	0,26	0,27	–	0,30
Feine Backwaren aus Blätterteig	116	115	0,09	0,87	0,45	2,11	9,70
Croissants	77	78	0,10	1,63	0,56	3,81	10,4
Plundergebäck	44	43	0,10	0,83	0,58	1,74	3,47
Feine Backwaren aus Rühr- oder Sandmasse sowie Mürbeteig	54	50	0,17	0,94	0,50	1,56	8,26
Kremtorte	1	1	–	–	–	–	0,67

Tab. 4.4.2 Quantitativer Nachweis von Fett und *trans*-Fettsäuren in Ziehmargarine und den zugehörigen Feinen Backwaren aus Blätterteig (durch / getrennt sind jeweils die Werte für die Ziehmargarine und die zugehörigen Feinen Backwaren)

Parameter	Anzahl untersuchter Proben	Anzahl Untersuchungen mit quantifizierten Gehalten	*Trans*-Fettsäurengehalt (g/100 g)[a]				
			Minimum	Mittelwert	Median	90. Perzentil	Maximum
Trans-Fettsäuren Summe	75/75	74/75	0,08 / 0,09	0,73/0,64	0,33/0,44	1,36/1,25	10,8/4,81
C 18-1 *trans*-Isomere Summe	67/67	44/55	0,03/–	0,93/0,61	0,19/0,28	2,60/1,60	10,5/4,59
C 18-2 *trans*-Isomere Summe	67/67	65/67	0,07/0,07	0,22/0,22	0,22/0,23	0,30/0,30	0,50/0,46
C 18-3 *trans*-Isomere Summe	64/64	8/7	–	0,10/0,09	0,11/0,10	–	0,15/0,14
Elaidinsäure Octadecensäure C18:1 *trans*-9	41/40	25/26	0,03/–	0,25/0,24	0,18/0,15	0,52/0,50	1,19/0,92
Palmitelaidinsäure Hexadecensäure C16:1 *trans*-9	40/40	1/3	0,12/0,08	0,12/0,12	0,123/0,132	–	0,12/0,14
Vaccensäure Octadecensäure C18:1 *trans*-11	28/28	12/13	0,08/0,10	0,32/0,32	0,18/0,28	0,56/0,60	1,36/0,76
Linolelaidinsäure C18:2 (*trans*-9, *trans*-12)	37/36	10/10	–	0,09/0,15	0,10/0,10	0,11/0,17	0,13/0,74

[a] die statistischen Kennwerte beziehen sich auf die quantifizierten Gehalte

trans-Fettsäuren ging, wurde bei der statistischen Auswertung der Gehaltsdaten insbesondere der Parameter „*trans*-Fettsäuren Summe" zugrunde gelegt, da damit die Gesamtmenge an *trans*-Fettsäuren bestmöglich erfasst werden kann.

Die *trans*-Fettsäurengesamtgehalte bei den Industriemargarinen lagen bei dem überwiegenden Anteil der Proben deutlich unterhalb der angestrebten Zielgröße von höchstens 2 g/100 g bezogen auf den Gesamtfettgehalt (Tab. 4.4.1). Die niedrigen *trans*-Fettsäurengehalte der Margarinen spiegeln sich auch in den geringen *trans*-Fettsäurengehalten der unter Verwendung dieser Margarinen hergestellten Feinen Backwaren wider (Tab. 4.4.2 bis 4.4.5).

In Tabelle 4.4.6 ist der Vergleich des *trans*-Fettsäurengesamtgehalts hinsichtlich der Produktionsweise im

Tab. 4.4.3 Quantitativer Nachweis von Fett und *trans*-Fettsäuren in Ziehmargarine und den zugehörigen Croissants (durch / getrennt sind jeweils die Werte für die Ziehmargarine und die zugehörigen Croissants)

Parameter	Anzahl untersuchter Proben	Anzahl Untersuchungen mit quantifizierten Gehalten	*Trans*-Fettsäurengehalt (g/100 g)[a]				
			Minimum	Mittelwert	Median	90. Perzentil	Maximum
Trans-Fettsäuren Summe	41/41	41/41	0,10/0,11	1,54/1,57	0,46/0,49	3,41/3,77	9,73/9,30
C 18-1 *trans*-Isomere Summe	39/39	23/30	–	1,90/1,50	1,49/0,45	4,49/3,65	9,25/8,73
C 18-2 *trans*-Isomere Summe	39/39	39/38	0,07/0,13	0,28/0,34	0,21/0,23	0,51/0,64	0,69/1,83
C 18-3 *trans*-Isomere Summe	38/38	12/11	–	0,15/0,12	0,15/0,12	0,26/0,20	0,30/0,20
Elaidinsäure Octadecensäure C18:1 *trans*-9	30/29	20/19	–/0,07	0,61/0,58	0,29/0,29	1,58/1,61	3,36/2,87
Palmitelaidinsäure Hexadecensäure C16:1 *trans*-9	30/30	5/8	0,11/0,05	0,41/0,32	0,36/0,32	–	0,83/0,73
Vaccensäure Octadecensäure C18:1 *trans*-11	24/24	10/14	0,11/0,10	1,54/1,26	1,38/1,24	2,72/2,30	3,84/3,63
Linolelaidinsäure C18:2 (*trans*-9, trans-12)	30/29	4/5	–/0,05	0,10/0,09	0,11/0,08	–	0,19/0,17

[a] die statistischen Kennwerte beziehen sich auf die quantifizierten Gehalte

Tab. 4.4.4 Quantitativer Nachweis von Fett und *trans*-Fettsäuren in Ziehmargarine und den zugehörigen Plundergebäcken (durch / getrennt sind jeweils die Werte für die Ziehmargarine und die zugehörigen Plundergebäcke)

Parameter	Anzahl untersuchter Proben	Anzahl Untersuchungen mit quantifizierten Gehalten	*Trans*-Fettsäurengehalt (g/100 g)[a]				
			Minimum	Mittelwert	Median	90. Perzentil	Maximum
Trans-Fettsäuren Summe	19/13	19/10	0,09/0,04	0,71/0,48	0,42/0,13	2,11/0,72	3,51/3,38
C 18-1 *trans*-Isomere Summe	25/13	18/3	0,04/0,04	0,32/0,04	0,08/0,04	0,62/–	2,80/0,05
C 18-2 *trans*-Isomere Summe	25/8	25/1	–/0,23	0,20/0,23	0,20/0,23	0,28/–	0,30/0,23
C 18-3 *trans*-Isomere Summe	25/6	19/5	–/0,07	0,16/0,10	0,20/0,10	0,28/–	0,30/0,12
Elaidinsäure Octadecensäure C18:1 *trans*-9	13/25	8/22	0,04/0,04	0,69/0,27	0,08/0,28	–/0,43	3,52/0,50
Palmitelaidinsäure Hexadecensäure C16:1 *trans*-9	13/25	3/22	0,03/0,10	0,04/0,21	0,03/0,20	–/0,28	0,05/0,43
Vaccensäure Octadecensäure C18:1 *trans*-11	8/25	–/18	–/0,04	–/0,14	–/0,11	–/0,24	–/0,30
Linolelaidinsäure C18:2 (*trans*-9, *trans*-12)	6/19	4/19	0,09/0,10	0,10/0,63	0,10/0,48	0,11/0,88	0,11/3,47

[a] die statistischen Kennwerte beziehen sich auf die quantifizierten Gehalte

Tab. 4.4.5 Quantitativer Nachweis von Fett und *trans*-Fettsäuren in Backmargarine und den zugehörigen Feinen Backwaren aus Rühr- oder Sandmasse sowie Mürbeteig (durch / getrennt sind jeweils die Werte für die Backmargarine und die zugehörigen Feinen Backwaren aus Rühr- oder Sandmasse sowie Mürbeteig)

Parameter	Anzahl untersuchter Proben	Anzahl Untersuchungen mit quantifizierten Gehalten	*Trans*-Fettsäurengehalt (g/100 g)[a]				
			Minimum	Mittelwert	Median	90. Perzentil	Maximum
Trans-Fettsäuren Summe	30/30	32/30	0,16/0,17	0,57/1,06	0,30/0,53	0,72/1,60	3,50/8,26
C 18-1 *trans*-Isomere Summe	33/33	13/22	–	0,54/0,96	0,11/0,39	1,81/2,09	3,04/7,59
C 18-2 *trans*-Isomere Summe	33/33	35/32	0,10/-	0,24/0,24	0,24/0,22	0,34/0,38	0,41/0,56
C 18-3 *trans*-Isomere Summe	33/33	14/15	–/0,05	0,20/0,17	0,18/0,14	0,34/0,33	0,36/0,40
Elaidinsäure Octadecensäure C18:1 *trans*-9	12/12	2/7	0,12/0,10	0,16/0,49	0,16/0,17	–	0,21/2,43
Palmitelaidinsäure Hexadecensäure C16:1 *trans*-9	22/21	1/10	0,84/0,05	0,84/0,14	0,84/0,13	–/0,26	0,84/0,31
Vaccensäure Octadecensäure C18:1 *trans*-11	11/11	1/5	0,15/0,13	0,15/0,56	0,15/0,53	–	0,15/1,44
Linolelaidinsäure C18:2 (*trans*-9, *trans*-12)	12/12	–/1	–/0,14	–/0,14	–/0,14		–/0,14

[a] die statistischen Kennwerte beziehen sich auf die quantifizierten Gehalte

Tab. 4.4.6 Vergleich zwischen handwerklicher und industrieller Produktionsweise hinsichtlich der *trans*-Fettsäurengehalte; Angaben in Summe *trans*-Fettsäuren in g/100 g bezogen auf die Bezugssubstanz Gesamtfett

Warengruppe	Anzahl untersuchter Proben	Anzahl Untersuchungen mit quantifizierten Gehalten	*Trans*-Fettsäurengehalt (g/100 g)[a]				
			Minimum	Mittelwert	Median	90. Perzentil	Maximum
Handwerkliche Produktion							
Feine Backwaren aus Blätterteig	86	85	0,09	0,88	0,49	2,21	5,35
Croissants	55	56	0,10	1,72	0,53	4,03	10,4
Plundergebäck	35	34	0,23	0,83	0,62	1,65	2,80
Feine Backwaren aus Rühr- oder Sandmasse sowie Mürbeteig	33	30	0,17	1,16	0,54	2,68	8,26
Kremtorte	1	1	–	–	–	–	0,67
Industrielle Produktion							
Feine Backwaren aus Blätterteig	21	21	0,14	1,10	0,39	1,67	9,70
Croissants	19	19	0,14	1,47	0,68	3,22	4,42
Plundergebäck	4	4	0,33	0,80	0,56	–	1,76
Feine Backwaren aus Rühr- oder Sandmasse sowie Mürbeteig	21	20	0,19	0,60	0,44	1,36	2,08
Kremtorte	–	–	–	–	–	–	–

[a] die statistischen Kennwerte beziehen sich auf die quantifizierten Gehalte

Handwerk und der industriellen Fertigung dargestellt. Der Großteil der Proben wurde in handwerklichen Betrieben entnommen, sodass aufgrund der nicht repräsentativen Anzahl an Messergebnissen aus Großbetrieben ein Vergleich der Belastungssituation zwischen Handwerk und Industrie nur eingeschränkt vorgenommen werden kann.

Die Ergebnisse dieses Programms zeigen, dass die Gehalte an *trans*-Fettsäuren sowohl in Margarine-Ausgangserzeugnissen für die gewerbliche Weiterverarbeitung als auch in den damit hergestellten Feinen Backwaren durch die im Rahmen des Leitlinienkonzepts entwickelten Minimierungsmaßnahmen auf ein sehr niedriges Niveau (unterhalb der Zielgröße von höchstens 2 g/100 g Gesamtfett) begrenzt werden können. Im Vergleich zu den Ergebnissen der Vorjahre (BÜp 2008) ist bei den industriell eingesetzten Margarinen (Krem-, Back- und Ziehmargarinen) sowie bei Feinen Backwaren (z. B. Blätterteiggebäck, Plundergebäck und Croissants) eine deutliche Abnahme der *trans*-Fettsäurenkonzentration zu verzeichnen. Bei dem weit überwiegenden Probenanteil der untersuchten Margarinen und den damit hergestellten Feinen Backwaren liegt der Gehalt an *trans*-Fettsäuren nunmehr unterhalb der angestrebten Zielgröße von höchstens 2 g/100 g Gesamtfett.

4.4.4   Schlussfolgerungen

Die Ergebnisse dieses Programms zeigen, dass das Leitlinienkonzept erfolgreich umgesetzt wurde und zukünftig stichprobenartige Kontrollen im Rahmen der Routineüberwachung ausreichend sind.

4.4.5   Literatur

Produktleitlinie zur Minimierung von *trans*-Fettsäuren in Lebensmitteln, http://www.bmel.de/SharedDocs/Downloads/ Ernaehrung/Rueckstaende/Trans-Fettsaeuren/TFA_ Rahmenleitlinien.html, Stand 14. 06. 2012

4.5   T-2- und HT-2-Toxin in Getreide

Kay Dietrichkeit, LAVES, Braunschweig

4.5.1   Ausgangssituation

Bereits 2001 wurde die Toxizität von T-2-Toxin und dem Hauptmetaboliten HT-2-Toxin vom Scientific Committee for Food (SCF) bewertet. T-2 und HT-2 sind Mykotoxine, die von verschiedenen *Fusarien*arten produziert werden.

Sie gehören zur Gruppe der Typ A Trichothecene, wobei T-2 als einer der toxischsten Vertreter dieser Gruppe gilt.

In der Empfehlung 2013/165/EU wurden erstmals Richtwerte für die Summe von T-2 und HT-2 in Getreide und Getreideerzeugnissen festgelegt. Diese Richtwerte beruhen auf den in der EFSA-Datenbank vorhandenen Daten über das Auftreten der Toxine. Bei Überschreitung der Richtwerte sollen Untersuchungen zur Ermittlung der für die Überschreitung ursächlichen Faktoren durchgeführt werden. Gemäß Nr. 2 dieser o. g. Empfehlung sollten die Proben möglichst zusätzlich auf das Vorhandensein anderer Fusarientoxine wie z. B. Deoxynivalenol, Zearalenon und Fumonisin B1 und B2 untersucht werden.

4.5.2   Ziel

In diesem Programm sollten T-2 und HT-2-Toxine in Getreide untersucht werden, um die aktuelle Belastungssituation zu ermitteln und die Einhaltung der Richtwerte zu überprüfen.

Probenahmeverfahren und Analysenmethode entsprechen dabei den Vorgaben der Empfehlung 2013/165/EU i. V. m. Anhang I Teil B und Anhang II Punkt 4.3.1 der Verordnung (EG) 401/2006.

4.5.3   Ergebnisse

An diesem Programm beteiligten sich 10 Länder mit insgesamt 453 auswertbaren Proben. Diese wurden auf ihren Gehalt an T-2 und HT-2 untersucht. Zusätzlich wurde gemäß Nr. 2 der Empfehlung 2013/165/EU gleichzeitig auf das Vorhandensein von Deoxynivalenol (295 Proben), Zearalenon (212 Proben) und Fumonisin B1 und B2 (106 Proben) geprüft, um das Ausmaß des gleichzeitigen Auftretens dieser Toxine bewerten zu können. Zu den untersuchten Getreidearten zählten Weizen (inkl. Dinkel, Grünkern, Emmer), Roggen, Gerste, Mais, Hirse, Hafer, Triticale (eine Probe) sowie die Pseudogetreide Buchweizen, Amaranth und Quinoa (Tab. 4.5.1). In 280 Proben (62 %) wurden keine Typ-A Trichothecene nachgewiesen. 173 Proben (38 %) enthielten Summengehalte an T-2 und HT-2 bis zu 152 µg/kg (Haferkörner), 63 µg/kg (Weizenkörner) und 73,4 µg/kg (Gerstenkörner, unverarbeitet). Alle ermittelten Summengehalte entsprachen unter Berücksichtigung der Wiederfindung und der Messunsicherheit den Richtwerten gemäß Empfehlung 2013/165/EU.

Deoxynivalenol und Zearalenon konnten in 64 % bzw. 15 % der Proben bestimmt werden. Die gesetzlichen Vorgaben der Verordnung (EG) 1881/2006 wurden ebenfalls

Tab. 4.5.1   Gehalte an Fusarientoxinen T-2, HT-2, Zearalenon, Deoxynivalenol, Fumonisin B1 und Fumonisin B2 in Getreide

Warengruppe	Anzahl untersuchter Proben	Anzahl Proben n. n.	T-2-Toxin (µg/kg)				
			Minimum	Mittelwert	Median	90. Perzentil	Maximum
Weizen/Dinkel/Grünkern/Emmer	227	166	–	0,66	–	2,50	6,71
Roggen	100	82	–	0,39	–	2,50	2,50
Gerste	26	13	–	5,05	0,36	16,5	27,7
Mais	4	1	–	1,88	2,50	2,50	2,50
Triticale	1	1	–	–	–	–	–
Hirse	28	13	–	1,52	2,50	2,50	6,20
Hafer	42	21	–	3,73	0,17	8,91	51,4
Pseudogetreide*	25	14	–	1,47	–	2,50	9,15
Gesamt	**453**	**311**	**–**	**1,20**	**–**	**2,51**	**51,4**

Warengruppe	Anzahl untersuchter Proben	Anzahl Proben n. n.	HT-2-Toxin (µg/kg)				
			Minimum	Mittelwert	Median	90. Perzentil	Maximum
Weizen/Dinkel/Grünkern/Emmer	227	155	–	1,69	–	2,50	60,5
Roggen	100	73	–	1,16	–	2,50	25,3
Gerste	26	14	–	9,51	–	39,0	53,8
Mais	4	1	–	1,88	2,50	2,50	2,50
Triticale	1	1	–	–	–	–	–
Hirse	28	14	–	1,35	1,25	2,50	5,20
Hafer	42	18	–	8,73	2,50	18,5	101
Pseudogetreide*	25	14	–	2,22	–	2,50	30,5
Gesamt	**453**	**290**	**–**	**2,74**	**–**	**3,98**	**101**

Warengruppe	Anzahl untersuchter Proben	Anzahl Proben n. n.	Summe T-2- und HT-2-Toxin (µg/kg)				
			Minimum	Mittelwert	Median	90. Perzentil	Maximum
Weizen/Dinkel/Grünkern/Emmer	227	151	–	2,35	–	5,00	63,0
Roggen	100	72	–	1,54	–	5,00	25,3
Gerste	26	11	–	14,6	2,37	59,0	73,4
Mais	4	3	–	3,75	5,00	–	5,00
Triticale	1	1	–	–	–	–	–
Hirse	28	13	–	2,87	4,45	5,00	11,4
Hafer	42	17	–	12,5	4,13	25,2	152
Pseudogetreide*	25	14	–	3,68	–	5,00	39,6
Gesamt	**453**	**280**	**–**	**3,92**	**–**	**5,00**	**152**

* Buchweizen, Amaranth und Quinoa

erfüllt. Fumonisine wurden in ca. 4 % der untersuchten Proben nachgewiesen. Gesetzliche Höchstgehaltsregelungen existieren nur für Mais und Maisprodukte (eine Probe Mais mit Summe Fumonisin B1 und B2 von 87,5 µg/kg).

153 (34 %) der untersuchten Proben stammten aus konventionellem Anbau, 221 (49 %) Proben aus ökologischer Erzeugung und bei 79 (17 %) Proben war die Produktionsart nicht angegeben. Die Art der Erzeugung gibt keinen Hinweis auf das Vorhandensein von T-2, HT-2 und anderer Fusarientoxine (Tab. 4.5.2). Sowohl Produkte konventioneller als auch ökologischer Erzeugung können mit Fusarientoxinen belastet sein.

Die Auswertung zeigt, dass grundsätzlich jede Getreidesorte mit T-2 und HT-2 bzw. Deoxynivalenol oder Zearalenon belastet sein kann. Eine Tendenz hinsichtlich des

Tab. 4.5.1 *Fortsetzung*

Warengruppe	Anzahl untersuchter Proben	Anzahl Proben n. n.	Zearalenon (µg/kg)				
			Minimum	Mittelwert	Median	90. Perzentil	Maximum
Weizen/Dinkel/Grünkern/ Emmer	127	106	–	1,25	–	2,57	53,2
Roggen	41	39	–	0,10	–	–	2,70
Gerste	8	4	–	5,15	1,25	–	25,0
Mais	1	1	–	–	–	–	–
Triticale	–	–	–	–	–	–	–
Hirse	15	13	–	0,16	–	0,72	1,20
Hafer	7	6	–	1,76	–	4,92	12,3
Pseudogetreide*	13	12	–	0,30	–	0,00	4,05
Gesamt	**212**	**181**	–	**1,00**	–	**1,50**	**53,2**

Warengruppe	Anzahl untersuchter Proben	Anzahl Proben n. n.	Fumonisin B1 (µg/kg)				
			Minimum	Mittelwert	Median	90. Perzentil	Maximum
Weizen/Dinkel/Grünkern/ Emmer	59	59	–	–	–	–	–
Roggen	22	19	–	1,36	–	9,00	10,0
Gerste	2	2	–	–	–	–	–
Mais	1	–	–	–	–	–	71,4
Triticale	1	1	–	–	–	–	–
Hirse	9	9	–	–	–	–	–
Hafer	4	3	–	12,2	–	–	48,9
Pseudogetreide*	8	8	–	–	–	–	–
Gesamt	**106**	**101**	–	**1,42**	–	–	**71,4**

Warengruppe	Anzahl untersuchter Proben	Anzahl Proben n. n.	Fumonisin B2 (µg/kg)				
			Minimum	Mittelwert	Median	90. Perzentil	Maximum
Weizen/Dinkel/Grünkern/ Emmer	59	58	–	0,23	–	–	13,6
Roggen	22	22	–	–	–	–	–
Gerste	2	2	–	–	–	–	–
Mais	1	–	–	–	–	–	16,1
Triticale	1	1	–	–	–	–	–
Hirse	9	8	–	1,24	–	–	11,2
Hafer	4	4	–	–	–	–	–
Pseudogetreide*	8	7	–	2,34	–	–	18,7
Gesamt	**106**	**102**	–	**0,56**	–	–	**18,7**

* Buchweizen, Amaranth und Quinoa

gleichzeitigen Auftretens der untersuchten Fusarientoxine lässt sich nicht ableiten.

Da es sich bei einer Empfehlung um einen unverbindlichen Rechtsakt handelt, sind die mit der o. g. Empfehlung festgelegten Richtwerte keine Sicherheitsgrenzwerte. Vielmehr handelt es sich um Werte, bei deren Überschreitung, vor allem jedoch bei deren wiederholt festgestelltem Auftreten, zusammen mit dem Lebensmittelunternehmer die Ursachen ermittelt werden sollten. Die Ergebnisse des Programms zeigen, dass in etwa einem Drittel der untersuchten Proben Gehalte an T-2 und HT-2 sowie an weiteren Fusarientoxinen nachzuweisen sind. Folglich sollte auch unter Berücksichtigung jährlich schwankender klimatischer Bedingungen (u. a. Förderung

Tab. 4.5.1 *Fortsetzung*

Warengruppe	Anzahl untersuchter Proben	Anzahl Proben n. n.	Summe Fumonisin B1 und B2 (µg/kg)				
			Minimum	Mittelwert	Median	90. Perzentil	Maximum
Weizen/Dinkel/Grünkern/ Emmer	59	58	–	0,23	–	–	13,6
Roggen	22	19	–	1,36	–	9,00	10,0
Gerste	2	2	–	–	–	–	–
Mais	1	0	–	–	–	–	87,5
Triticale	1	1	–	–	–	–	–
Hirse	9	8	–	1,24	–	–	11,2
Hafer	4	3	–	12,2	–	–	48,9
Pseudogetreide*	8	7	–	2,34	–	–	18,7
Gesamt	**106**	**98**	**–**	**1,98**	**–**	**–**	**87,5**

Warengruppe	Anzahl untersuchter Proben	Anzahl Proben n. n.	Deoxynivalenol (µg/kg)				
			Minimum	Mittelwert	Median	90. Perzentil	Maximum
Weizen/Dinkel/Grünkern/ Emmer	163	56	–	36,0	25,0	87,6	646
Roggen	63	20	–	41,2	25,0	114	273
Gerste	21	6	–	54,4	15,0	40,0	708
Mais	1	–	–	–	–	–	7,50
Triticale	1	1	–	–	–	–	–
Hirse	17	7	–	13,9	25,0	25,0	25,0
Hafer	15	4	–	22,3	1,07	25,0	209
Pseudogetreide*	14	11	–	8,81	–	25,0	73,3
Gesamt	**295**	**105**	**–**	**34,9**	**20**	**89,7**	**708**

* Buchweizen, Amaranth und Quinoa

Tab. 4.5.2 Vergleich von Proben aus verschiedenen Produktionsformen bezüglich deren Belastung mit Fusarientoxinen

Toxin	Anbauart	Anzahl untersuchter Proben	Anzahl Proben n. n.	Toxin (µg/kg)					Anzahl untersuchter Proben über festgelegtem Höchstgehalt bzw. Richtwert
				Minimum	Mittelwert	Median	90. Perzentil	Maximum	
Summe T-2 + HT-2	konventionell	153	90	–	5,98	–	11,4	152	–
	gemäß Öko-VO (EG)	221	127	–	2,51	–	5,00	46,6	–
	k. A.	79	63	–	3,88	–	5,68	73,1	
Zearalenon	konventionell	86	64	–	1,74	–	4,09	53,2	–
	gemäß Öko-VO (EG)	94	91	–	0,05	–	–	2,70	–
	k. A.	32	26	–	2,11	–	3,90	25,0	
Summe Fumonisin B1 + B2	konventionell	44	39	–	3,01	–	7,00	87,5	–
	gemäß Öko-VO (EG)	52	49	–	1,49	–	–	48,9	–
	k. A.	10	10	–	–	–	–	–	–
Deoxynivalenol	konventionell	126	40	–	37,1	20,0	103	315	–
	gemäß Öko-VO (EG)	132	56	–	26,9	22,3	40,6	646	–
	k. A.	37	9	–	56,1	20,0	124	708	–

der Schimmelpilzbildung) die Untersuchung auf T-2 und HT-2 sowie weiterer Fusarientoxine Teil der Routineuntersuchung sein.

4.5.4   Schlussfolgerungen

Eine stichprobenartige Kontrolle im Rahmen der Routineüberwachung wird als ausreichend angesehen. Des Weiteren sollten in Zukunft neben unverarbeitetem Getreide und Getreidekörnern für den unmittelbaren menschlichen Verzehr auch Getreideerzeugnisse für den menschlichen Verzehr zum Untersuchungsspektrum zählen.

4.5.5   Literatur

EMPFEHLUNG DER KOMMISSION vom 27. März 2013 über das Vorhandensein der Toxine T-2 und HT-2 in Getreiden und Getreideerzeugnissen (2013/165/EU)

4.6   Selen in bilanzierten Diäten, die für Säuglinge bestimmt sind

Hanna Spiegel, CVUA-OWL, Detmold

4.6.1   Ausgangssituation

Bilanzierte Diäten, die für Säuglinge bestimmt sind, müssen in ihren Gehalten an Spurenelementen den in Anlage 6 Diätverordnung (DiätV) festgelegten Anforderungen entsprechen. Für Selen sind Mindest- und Höchstmengen von 0,25 µg/100 kJ – 0,7 µg/100 kJ bzw. 1 µg/100 kcal – 3 µg/100 kcal festgelegt. Diese Spanne ist sehr eng gefasst im Vergleich zu den Anforderungen an Säuglingsanfangs-

und Folgenahrung, für die eine Höchstmenge an Selen von 2,2 µg/100 kJ bzw. 9 µg/100 kcal festgelegt ist. Im Rahmen der regelmäßigen amtlichen Überwachung konnten teilweise überhöhte Selengehalte in bilanzierten Diäten ermittelt werden, verursacht durch schwankende natürliche Gehalte der Rohstoffe.

4.6.2   Ziel

In diesem Programm sollten die Selengehalte in bilanzierten Diäten für Säuglinge untersucht und die Einhaltung der Höchstmengen auch unter Berücksichtigung schwankender natürlicher Gehalte der Rohstoffe überprüft werden.

4.6.3   Ergebnisse

An diesem Programm beteiligten sich 10 Bundesländer mit insgesamt 149 auswertbaren Proben. Für alle untersuchten Warengruppen lagen der Median sowie der Mittelwert im geforderten Bereich (Tab. 4.6.1). Allerdings lag das 90. Perzentil für die Warengruppen „vollständig bilanzierte Diät für Säuglinge" bzw. „vollständig bilanzierte Diät für Säuglinge bei gestörtem Aminosäurestoffwechsel" mit 3,58 bzw. 3,85 µg/100 kcal über dem Höchstwert von 3 µg/100 kcal. Damit erfüllten mehr als 10 % dieser Proben nicht die Anforderungen der DiätV.

Bei 31 Proben (19 %) wurde eine Überschreitung des Höchstwertes festgestellt (Tab. 4.6.2). Bei 3 Proben (2 %) wurde der Mindestgehalt nicht erreicht. Besonders auffällig war die Warengruppe der „vollständig bilanzierten Diäten für Säuglinge bei gestörtem Aminosäurestoffwechsel", da hier bei 7 von 17 Proben (41 %) ein Selengehalt über 3 µg/100 kcal ermittelt wurde. Dies zeigt, dass die für diese Warengruppen spezifisch festgelegten, relativ niedrigen Höchstwerte unter Berücksichtigung

Tab. 4.6.1 Gehalte von Selen in bilanzierten Diäten, die für Säuglinge bestimmt sind

Warengruppe	Anzahl untersuchter Proben	Gehalt (µg/100 g)				
		Minimum	Mittelwert	Median	90. Perzentil	Maximum
Vollständig bilanzierte Diät für Säuglinge	76	0,87	2,33	2,13	3,58	5,81
Vollständig bilanzierte Diät für Säuglinge bei Durchfallerkrankungen/Heilnahrung	39	0,88	2,32	2,16	3,05	5,16
Vollständig bilanzierte Diät für Säuglinge bei gestörtem Aminosäurestoffwechsel	17	1,42	2,87	2,74	3,85	8,10
Vollständig bilanzierte Diät für Säuglinge bei Kuhmilchunverträglichkeit	14	2,04	2,69	2,51	2,89	4,55
Vollständig bilanzierte Diät für Säuglinge – hypoallergen	3	1,60	2,27	2,30	2,78	2,90

Tab. 4.6.2 Bereiche der Selengehalte in bilanzierten Diäten, die für Säuglinge bestimmt sind

Warengruppe	Anzahl untersuchter Proben	Anzahl der Proben		
		< 1 µg/100 kcal	≥ 1 und ≤ 3 µg/100 kcal	> 3 µg/100 kcal
Vollständig bilanzierte Diät für Säuglinge	76	2	56	18
Vollständig bilanzierte Diät für Säuglinge bei Durchfallerkrankungen/Heilnahrung	39	1	33	5
Vollständig bilanzierte Diät für Säuglinge bei gestörtem Aminosäurestoffwechsel	17	–	10	7
Vollständig bilanzierte Diät für Säuglinge bei Kuhmilchunverträglichkeit	14	–	13	1
Vollständig bilanzierte Diät für Säuglinge – hypoallergen	3	–	3	–

schwankender natürlicher Gehalte der Rohstoffe derzeit nicht sicher eingehalten werden können. Hier empfiehlt sich ein Hinweis an den Hersteller. Die Maximalgehalte an Selen lagen für alle Warengruppen jedoch immer noch unterhalb des Höchstwertes von 9 µg/100 kcal für Säuglingsanfangs- und Folgenahrung allgemein.

4.6.4 Schlussfolgerungen

Die Ergebnisse dieses Programms zeigen, dass eine stichprobenartige Kontrolle im Rahmen der Routineüberwachung ausreichend ist.

4.7 Verarbeitung von Separatorenfleisch in feinzerkleinerter Brühwurst mit hervorhebenden Qualitätsangaben

Birgit Beneke und Volker Pfaff, CVUA-OWL, Detmold

4.7.1 Ausgangssituation

Bei Separatorenfleisch handelt es sich gemäß der VO (EG) Nr. 853/2004 um ein Erzeugnis, das durch maschinelles Ablösen des anhaftenden Fleisches von fleischtragenden Knochen bzw. von Geflügelschlachtkörpern nach dem Entbeinen gewonnen wird. Dabei wird die Struktur der Muskelfasern verändert oder aufgelöst. Ein so gewonnenes Erzeugnis ist mikrobiologisch besonders anfällig und enthält in Abhängigkeit der Herstellungstechnologie unterschiedliche Mengen an abgelösten Knochenpartikeln. Mit der Menge der enthaltenen Knochenpartikel geht eine Erhöhung des Calciumgehalts einher, wobei zwischen der Kategorie „< 1.000 mg/kg Calcium" und der Kategorie „≥ 1.000 mg/kg Calcium" unterschieden wird. Diese beiden Kategorien sind hinsichtlich ihrer Verwendung

bei der Herstellung von Lebensmitteln in verschiedenem Maße beschränkt.

Separatorenfleisch unterscheidet sich in jedem Fall durch seine Beschaffenheit (u. a. Veränderung der Muskelfasern) deutlich von „Fleisch" im Sinne der Legaldefinitionen.

Daher ist Separatorenfleisch nach Anh. VII Teil B Nr. 17 der VO (EU) Nr. 1169/2011 (früher Anl. 1 LMKV) vom Begriff „…fleisch" ausgenommen. In diesem Sinne muss der Verbraucher über die Verwendung von Separatorenfleisch informiert werden. Es muss auf Fertigpackungen unter Angabe der zugehörigen Tierart kenntlich gemacht werden.

Fleischerzeugnisse, die als „Spitzenqualität" ausgelobt werden, zeichnen sich unter anderem „durch besondere Auswahl des Ausgangsmaterials" aus. Die Verwendung von Separatorenfleisch ist daher bei solchen Produkten nicht üblich (Leitsätze für Fleisch und Fleischerzeugnisse).

Ein histologischer Nachweis von mehr als 1,5 Knochenpartikeln pro cm^2 wird als Hinweis auf eine mögliche Verwendung von Separatorenfleisch gesehen (Schulte-Sutrum und Horn 2003).

4.7.2 Ziel

In diesem Programm sollte überprüft werden, inwiefern Separatorenfleisch i. S. d. VO (EG) Nr. 853/2004 anhand der Menge von Knochenpartikeln in feinzerkleinerter Brühwurst mit hervorhebender Qualitätsangabe nachweisbar ist.

4.7.3 Ergebnisse

An diesem Programm beteiligten sich 8 Länder mit insgesamt 250 auswertbaren Proben.

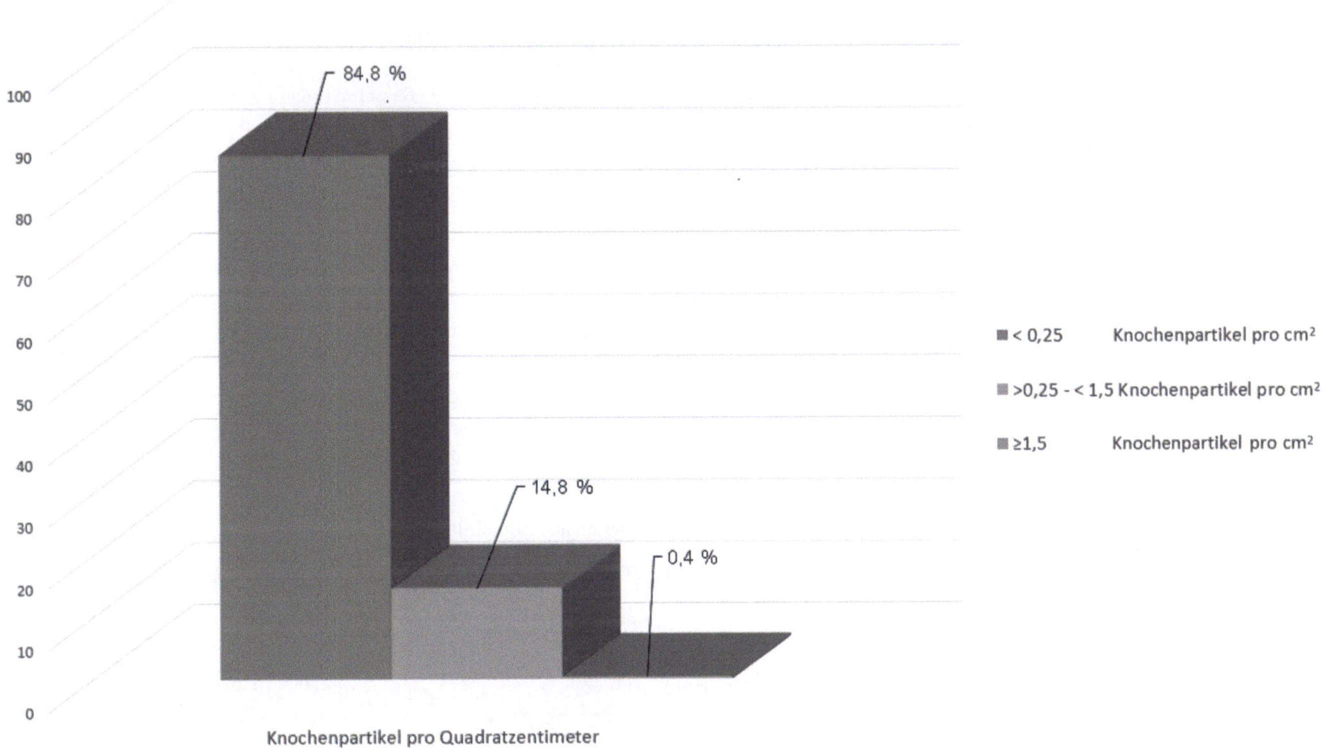

Abb. 4.7.1 Verteilung der Proben mit verschiedenen Knochenpartikelgehalten

Die Ergebnisse zeigen, dass bei etwa 85 % der untersuchten feinzerkleinerten Brühwürste mit der hervorhebenden Bezeichnung „Spitzenqualität" weniger als 0,25 Knochenpartikel pro cm² nachgewiesen wurden (Abb. 4.7.1). Bei etwa 15 % der Proben wurden Gehalte von mehr als 0,25 Knochenpartikel pro cm² nachgewiesen. Eine Probe (entspricht 0,4 %) wies mehr als 1,5 Knochenpartikel pro cm² auf. In den untersuchten feinzerkleinerten Brühwursterzeugnissen der Spitzenqualität sind im überwiegenden Maß weniger als 0,25 Knochenpartikel pro cm² enthalten.

Bei Erzeugnissen mit erhöhten Gehalten an Knochenpartikeln sollte dringend vor Ort die Beschaffenheit der eingesetzten Rohstoffe hinsichtlich der Fleischauswahl und der Verwendung von Separatorenfleisch überprüft werden.

4.7.4   Schlussfolgerungen

Die Ergebnisse dieses Programms zeigen, dass eine stichprobenartige Kontrolle im Rahmen der Routineüberwachung ausreichend ist.

4.7.5   Literatur

Schulte-Sutrum, M. und Horn, D.: „Separatorenfleisch-Eignungsprüfung" Fleischwirtschaft (2003) 83(1), S. 78–81
Leitsätze für Fleisch und Fleischerzeugnisse vom 27./28. 11. 1974 (Beilage zum BAnz. Nr. 134 vom 25. 07. 1975, GMBl Nr. 23, S. 489 vom 25. 07. 1975), zuletzt geändert am 08. 01. 2010 (BAnz. Nr. 16 vom 29. 01. 2010, GMBl Nr. 5/6, S. 120 ff vom 04. 02. 2010)

4.8   Rückstände von Antibiotika in Fischen aus Aquakultur aus Drittländern (außer Lachs)

Karin Koglin, LK Dahme-Spreewald

4.8.1   Ausgangssituation

Asien steht an der Spitze der Aquakulturproduktion, wobei in China insgesamt 89 % aller Aquakulturerzeugnisse hergestellt werden. Dem hohen Infektionsdruck in der intensiven Aquakultur wird oftmals durch den Einsatz von Antibiotika begegnet. In der EU ist der Antibiotikaeinsatz streng reglementiert, in Drittländern werden jedoch

Tab. 4.8.1   Auf Antibiotika, Antimykotika und Antiparasitka untersuchte Fischarten aus Aquakultur aus Drittländern

Herkunftsland		Fischart						
		Seefische			Süßwasserfische			
		Aalartige	Barsch/ Barschartige	Dorsch	Wels/ Welsartige	Barsch/ Barschartige	Regenbogen- forelle	Weißfisch
Vietnam	Anzahl unter- suchter Proben	1	1	–	62	4	–	1
China	Anzahl unter- suchter Proben	–	–	1	–	14	–	–
Asien	Anzahl unter- suchter Proben	–	1	–	1	–	1	–
Kasachstan	Anzahl unter- suchter Proben	–	–	–	–	1	–	–
Indonesien	Anzahl unter- suchter Proben	–	–	–	–	10	–	–
nicht Asien	Anzahl unter- suchter Proben	–	6	–	13	26	15	–

Tab. 4.8.2   Nachweis von Antibiotika, Antimykotika und Antiparasitka in Fischen aus Aquakultur

Probenherkunft	Fischart	Nachgewiesene Substanz	Gemessener Gehalt in µg/kg	Bewertung
Vietnam	Barschartige Fische Süßwasserfische	Leukomalachitgrün	5,01	unzulässige Anwendung
		Malachitgrün CI 42.000	1,25	unzulässige Anwendung
Vietnam	Catfish; Katzenwels (*Ictalurus furcatus*) Süßwasserfisch	Leukomalachitgrün	1,43	unzulässige Anwendung
		Difloxacin	42,0	unter der Höchstmenge
Vietnam	Schlankwels Filet	Sulfadimidin/Sulfamethazin	20,3	unter der Höchstmenge
Vietnam	Weißfisch (*Cyprinidae spp.*) Süßwasserfisch	Leukomalachitgrün	4,63	unzulässige Anwendung
Uganda	Tilapia; Buntbarsch Stück	Sulfadiazin/Sulfapyrimidin	642	Höchstmengenüberschreitung
Deutschland	Tilapia; Buntbarsch Filet	Sulfadiazin/Sulfapyrimidin	579	Höchstmengenüberschreitung
Deutschland	Tilapia; Buntbarsch Filet	Sulfadiazin/Sulfapyrimidin	285	Höchstmengenüberschreitung

weitaus mehr Antibiotika verschiedener Substanzgruppen eingesetzt.

4.8.2   Ziel

In diesem Programm sollte die aktuelle Situation hinsichtlich der Belastung mit Antibiotikarückständen in Fischen aus Aquakultur erfasst und bewertet werden.

4.8.3   Ergebnisse

An diesem Programm beteiligten sich 9 Bundesländer mit insgesamt 158 auswertbaren Proben. Es wurden Süßwasser- und Seefische aus Aquakultur mit überwiegender Herkunft aus Drittländern untersucht (Tab. 4.8.1), die auf Einzelhandelsebene entnommen worden waren.

Die Proben wurden auf 70 verschiedene Substanzen aus den Stoffgruppen der Antibiotika, Antimykotika und Antiparasitika geprüft, von denen 7 (4,4 %) entsprechende Rückstände aufwiesen (Tab. 4.8.2). Die positiven Proben stammten von Süßwasserfischen, 2 davon enthielten jeweils 2 verschiedene Substanzen.

In 3 Fällen lagen die ermittelten Messwerte bei Sulfonamiden über der festgesetzten Höchstmenge (Tab. 4.8.2).

In 3 Proben mit Herkunft Vietnam wurden die antimykotisch und gegen Parasiten wirksamen Substanzen Leukomalachitgrün/Malachitgrün nachgewiesen. Pharmakologisch wirksame Stoffe wie diese, die nicht in den Anhängen der VO (EU) Nr. 37/2010 aufgeführt sind, dürfen nicht an Tiere, die der Lebensmittelgewinnung dienen, verabreicht und Lebensmittel daraus nicht in den Verkehr gebracht werden.

Insgesamt ergibt sich mit 3,8 % der untersuchten Proben eine nicht unerhebliche Beanstandungsquote, denn von den 7 Proben mit nachgewiesenen Rückständen waren 6 nicht verkehrsfähig.

4.8.4   Schlussfolgerungen

Die Ergebnisse dieses Programms zeigen, dass das hier behandelte Thema im Rahmen der amtlichen Kontrolle verstärkt berücksichtigt werden sollte.

4.9   Nitrat in Rucola

Dr. Antje Gerofke, BfR

4.9.1   Ausgangssituation

In einer Stellungnahme des BfR von 2009 wird auf die mögliche hohe zusätzliche Aufnahme von Nitrat durch den Verzehr von Rucola hingewiesen.

Bereits bei einem Verzehr von mehr als 25 g Rucola pro Tag mit einem mittleren Nitratgehalt von 4.250 mg/kg zusätzlich zum Durchschnittsverzehr aller in Bezug auf Nitrat wichtigen Lebensmittelgruppen mit durchschnittlichen Nitratgehalten ergäbe sich eine Überschreitung der duldbaren täglichen Aufnahmemenge für Nitrat von bis zu 3,65 mg/kg Körpergewicht (ADI-Wert). Bei unsachgemäßer Lagerung, Transport und/oder unzureichenden hygienischen Bedingungen kann aus dem vorhandenen Nitrat das toxische Nitrit gebildet werden.

In der Verordnung (EG) Nr. 1881/2006 sind Höchstgehalte für Nitrat in Rucola festgelegt. Der saisonalen Schwankung der Nitratgehalte wurde durch unterschiedliche Höchstgehalte Rechnung getragen. Für die Ernte vom 01.10. bis 31.03. (Wintersaison) gilt demnach ein Höchstgehalt von 7.000 mg Nitrat/kg Rucola, für den Erntezeitraum vom 01.04. bis 30.09. (Sommersaison) gilt ein Höchstgehalt von 6.000 mg Nitrat/kg Rucola.

Die festgelegten Höchstgehalte sollten nach einem Zeitraum von 2 Jahren im Hinblick auf eine mögliche Absenkung überprüft werden.

4.9.2   Ziel

In diesem Programm sollten Daten zu Nitratgehalten in Rucola gewonnen werden, um ggf. eine Absenkung der Höchstgehalte zu begründen.

4.9.3   Ergebnisse

An diesem Programm beteiligten sich 13 Länder mit insgesamt 379 auswertbaren Proben. In allen Proben konnte Nitrat quantitativ nachgewiesen werden. Die Proben wurden getrennt nach Erntesaison und Anbauart ausgewertet.

In der Sommersaison lagen lediglich 2,9 % der Proben aus konventionellem Anbau über dem Höchstgehalt von 6.000 mg Nitrat/kg Rucola, der Mittelwert betrug 3.900 mg/kg und der Median 4.100 mg/kg (Tab. 4.9.1). Für diese Saison wurden lediglich 8 Proben aus ökologischem Anbau untersucht. Unter der Anbauart „sonstige" wurden Proben zusammengefasst, bei denen keine näheren Angaben gemacht worden waren, sowie Proben mit den Angaben „Anbau im Gewächshaus", „Freiland-Anbau" oder „aus kontrolliert integrierter Produktion". Der Anteil der Höchstgehaltsüberschreitungen betrug für diese Kategorie 8,5 %. Mittelwert und Median für diese Gruppe lagen

Tab. 4.9.1   Nitratgehalt in Rucola abhängig von Erntesaison und Anbauart

Erntesaison	Anbauart	Anzahl untersuchter Proben	Anzahl Proben, in denen Nitrat quantitativ nachgewiesen wurde	Gehalt (mg/kg)					Höchstgehaltsüberschreitungen (%)
				Minimum	Mittelwert	Median	90. Perzentil	Maximum	
Sommer[a]	konventionell	140	140	99	3.889	4.113	5.522	7.500	2,9
	ökologisch	8	8	3.422	4.480	4.333	5.877	6.297	12,5
	sonstige[c]	59	59	547	4.016	4.111	5.936	7.664	8,5
Winter[b]	konventionell	148	148	1.626	5.447	5.572	7.073	8.496	10,8
	ökologisch	7	7	2.120	4.642	5.170	5.977	6.300	–
	sonstige[c]	17	17	878	4.987	5.368	6.726	7.130	5,9

[a] Erntezeit 01.04. – 30.09.2014
[b] Erntezeit 01.01. – 31.03.2014, 01.10. – 31.12.2014
[c] Keine Angabe, Anbau im Gewächshaus, im Freiland oder Erzeugnis aus kontrolliert integrierter Produktion

in ähnlichen Bereichen wie die für die Anbauarten konventionell und ökologisch.

In der Wintersaison lagen 10,8 % der Proben aus konventionellem Anbau über dem Höchstgehalt von 7.000 mg/kg. Der Mittelwert lag für diese Anbauart bei 5.400 mg/kg und der Median bei 5.600 mg/kg. Bei den 7 Proben aus ökologischem Anbau gab es keine Höchstgehaltsüberschreitungen (Tab. 4.9.1).

Gegenüber den in der Stellungnahme des BfR des Jahres 2009 zugrunde liegenden Mittelwerten der Nitratgehalte zeigt sich insgesamt ein Trend zu leicht höheren mittleren Nitratgehalten. Für die Sommersaison lag das 90. Perzentil der Nitratgehalte geringfügig unter dem Höchstgehalt von 6.000 mg/kg. In der Wintersaison lag das 90. Perzentil der Nitratgehalte im Bereich der Höchstgehalte von 7.000 mg/kg. Diese Daten sollten in die Diskussion zu einer möglichen Absenkung der Höchstgehalte für Nitrat in Rucola einfließen.

4.9.4   Schlussfolgerungen

Die Ergebnisse dieses Programms zeigen, dass eine stichprobenartige Kontrolle im Rahmen der Routineüberwachung ausreichend ist.

4.9.5   Literatur

Bundesinstitut für Risikobewertung (BfR) (2009): Nitrat in Rucola, Spinat und Salat. http://www.bfr.bund.de/cm/343/nitrat_in_rucola_spinat_und_salat.pdf

Untersuchung von Lebensmitteln auf Mikroorganismen

5.1 Mikrobiologischer Status von Schlagsahne aus Sahneautomaten

Daniel Mertens, Bezirksamt Charlottenburg-Wilmersdorf, Berlin

5.1.1 Ausgangssituation

Die mikrobiologische Beschaffenheit von Schlagsahne aus Sahneautomaten gibt häufig bedingt durch eine unzureichende Reinigung und Desinfektion dieser Automaten Anlass zu Beanstandungen. Die Sahneautomaten werden zur Reinigung und Desinfektion oft nicht nach der Anleitung des Herstellers zerlegt, sondern nur durchgespült. Beim Zusammensetzen der Sahneautomaten werden die gereinigten Teile durch z. B. unreine Hände kontaminiert.

Ein wirksamer Reinigungs- und Desinfektionsplan für Sahneautomaten ist nicht in allen Betrieben vorhanden. Dieser sollte detaillierte Angaben zur Durchführung der Reinigung und Desinfektion, zu den zu verwendenden Mitteln und zu den verantwortlichen Mitarbeitern enthalten.

5.1.2 Ziel

Im Rahmen dieses Programms sollte die mikrobiologische Beschaffenheit von Schlagsahne aus Sahneautomaten mittels Stufenkontrollen (Originalverpackung, Vorratsbehälter, aufgeschlagene Sahne) erhoben werden, um mangelhaft gereinigte Sahneautomaten als Kontaminationsquelle identifizieren zu können.

5.1.3 Ergebnisse

An diesem Programm beteiligten sich 15 Länder. Insgesamt wurden 946 Proben Schlagsahne sensorisch geprüft.

Der Anteil sensorisch auffälliger Proben war bei der aufgeschlagenen Sahne aus den Automaten mit 5,0 % erwartungsgemäß am höchsten im Vergleich zu den Proben aus den Vorratsbehältern der Sahneautomaten (3,6 %) und denen aus Originalverpackungen (2,9 %) (Tab. 5.1.1).

Die sensorischen Abweichungen wurden durch den unterschiedlichen mikrobiellen Status der Ausgangssahne, der Sahne im Vorratsbehälter und der aufgeschlagenen Sahne bestätigt. Die Zahl der Proben mit Koloniezahlen bei 30 °C über 10^4 KbE/g (69,5 %), *Escherichia coli* über 10 KbE/g (11,5 %) und Enterobacteriaceae über 10^3 KbE/g (54,6 %) war bei der aufgeschlagenen Sahne aus den Automaten im Vergleich zu den beiden anderen Entnahmestellen ebenfalls am höchsten (Tab. 5.1.1).

Bei den aufgeschlagenen Sahnen lagen Enterobacteriaceae bei über der Hälfte der untersuchten Proben über dem Richtwert der DGHM. Diese Ergebnisse weisen auf deutliche Schwachstellen im Hygienemanagement hin. Besonders auffällig waren dabei die Hersteller auf der Stufe des Lebensmitteleinzelhandels (21,3 % der Proben) und die Dienstleistungsbetriebe (26,6 % der Proben) (Tab. 5.1.2).

5.1.4 Schlussfolgerungen

Die Ergebnisse dieses Programms zeigen, dass das hier behandelte Thema im Rahmen der amtlichen Kontrolle besonders auf der Stufe des Einzelhandels und der Dienstleistungsbetriebe verstärkt berücksichtigt werden sollte. Ein Aufgreifen dieses Themas in einem späteren, ggf. angepassten Programm sollte in Erwägung gezogen werden.

5.1.5 Literatur

Richt- und Warnwerte der DGHM: http://dghm-richt-warnwerte.de/

Berichte zur Lebensmittelsicherheit 2014, DOI 10.1007/978-3-319-27906-0_5,
© Bundesamt für Verbraucherschutz und Lebensmittelsicherheit (BVL) 2016

Tab. 5.1.1   Mikrobiologischer Status von Schlagsahne in Abhängigkeit von der Entnahmestelle

Entnahmestelle	Sensorische Eigenschaften der Proben (n = 946)			Koloniezahl bei 30 °C in KbE/g (n = 1.155)				Escherichia coli in KbE/g (n = 1.189)				Salmonella spp. in KbE/g (n = 1.196)	Listeria monocytogenes in KbE/g (n = 1.195)			
	unauffällig	auffällig	k. A.	n. n.	$< 10^4$	$10^4 - 10^8$	$> 10^8$	n. n.	< 10	$10 - 10^3$	$> 10^3$	Anzahl positiver Proben	n. n.	< 10	$10 - 10^2$	$> 10^2$
flüssig aus Originalverpackung	301	9	–	247	88	41	3	384	–	7	–	1/393	394	–	–	–
flüssig aus Vorratsbehälter des Automaten	323	12	–	186	94	113	12	398	–	16	2	1/419	419	–	–	–
aufgeschlagen aus Automaten	286	15	–	66	47	244	14	335	3	28	16	0/384	382	–	–	–
Gesamt	910	36	–	499	229	398	29	1.117	3	51	18	2/1.196	1.195	–	–	–

Tab. 5.1.1   *Fortsetzung*

Entnahmestelle	Koagulase-positive Staphylokokken in KbE/g (n = 1.179)				Bacillus cereus praesumtiv in KbE/g (n = 661)				Enterobacteriaceae in KbE/g (n = 1.202)				Pseudomonaden in KbE/g (n = 1.203)		
	n. n.	$< 10^2$	$10^2 - 10^3$	$> 10^3$	n. n.	$< 10^2$	$10^2 - 10^3$	$> 10^3$	n. n.	$< 10^2$	$10^2 - 10^3$	$> 10^3$	n. n.	$< 10^6$	$\geq 10^6$
flüssig aus Originalverpackung	388	–	1	–	224	–	6	–	373	10	2	11	353	32	10
flüssig aus Vorratsbehälter des Automaten	412	–	–	–	228	–	5	1	315	21	26	59	278	100	43
aufgeschlagen aus Automaten	375	–	1	2	191	–	5	1	137	6	32	210	144	191	52
Gesamt	1.175	–	2	2	643	–	16	2	825	37	60	280	775	323	105

Tab. 5.1.2 Mikrobiologischer Status von Schlagsahne in Abhängigkeit von der Betriebsart

Betriebsart	Sensorische Eigenschaften der Proben (n = 946)			Koloniezahl bei 30 °C in KbE/g (n = 1.155)				*Escherichia coli* in KbE/g (n = 1.189)				*Salmonella spp.* in KbE/g (n = 1.196)	*Listeria monocytogenes* in KbE/g (n = 1.195)			
	unauf-fällig	auf-fällig	k. A.	n. n.	$< 10^4$	$10^4 - 10^8$	$> 10^8$	n. n.	< 10	$10 - 10^3$	$> 10^3$	Anzahl positiver Proben	n. n.	< 10	$10 - 10^2$	$> 10^2$
Hersteller auf Ein-zelhandelsstufe (Konditorei/Eisdiele)	512	19	–	296	137	188	8	610	–	25	9	1/646	645	–	–	–
Dienstleistungs-betrieb (Kantine/Gaststätte)	382	17	–	185	86	200	21	473	3	26	9	1/516	516	–	–	–
industrieller Her-steller	16		–	18	6	10	–	34	–	–	–	0/34	34	–	–	–
Gesamt	910	36	–	499	229	398	29	1.117	3	51	18	2/1.196	1.195	–	–	–

Tab. 5.1.2 *Fortsetzung*

Betriebsart	Koagulase-positive Staphylokokken in KbE/g (n = 1179)				*Bacillus cereus praesumtiv* in KbE/g (n = 661)				Enterobacteriaceae in KbE/g (n = 1.202)				Pseudomonaden in KbE/g (n = 1.203)		
	n. n.	$< 10^2$	$10^2 - 10^3$	$> 10^3$	n. n.	$< 10^2$	$10^2 - 10^3$	$> 10^3$	n. n.	$< 10^2$	$10^2 - 10^3$	$> 10^3$	n. n.	$< 10^6$	$\geq 10^6$
Hersteller auf Ein-zelhandelsstufe (Konditorei/Eisdiele)	638	–	–	1	383	–	6	–	454	22	35	138	423	180	46
Dienstleistungsbetrieb (Kantine/Gaststätte)	503	–	2	1	229	–	10	2	343	14	24	138	324	137	59
industrieller Hersteller	34	–	–	–	31	–	–	–	28	1	1	4	28	6	–
Gesamt	1.175	–	2	2	643	–	16	2	825	37	60	280	775	323	105

5.2 Mikrobiologisch-hygienische und sensorische Beschaffenheit von trocken gereiftem, verkaufsfertig zugeschnittenem Rindfleisch („Dry Aged Beef")

Alexandra Bartholomä, CVUA-RRW, Krefeld

5.2.1 Ausgangssituation

Unter der Bezeichnung „Dry Aged Beef" werden zunehmend trocken gereifte Rindfleischteilstücke vermarktet, die sich hinsichtlich Reifebedingungen und Vermarktungsmodalitäten erheblich unterscheiden. Die Produkte werden z. T. mit definierten Schimmelpilzkulturen beimpft oder eine spontane Schimmelbildung wird toleriert. Dagegen kann eine unwillkürliche Schimmelbildung auch durch Hygienemaßnahmen verhindert werden.

„Dry Aged Beef" soll sich durch Zartheit und ein besonderes Reifearoma auszeichnen. Nach der sehr variablen Reifezeit werden die äußeren harten, z. T. schimmelpilzbewachsenen Oberflächen in unterschiedlicher Schichtdicke entfernt. Auf dem Markt finden sich neben kurzgereiften Produkten ohne typisches Reifearoma auch langgereifte Produkte, bei denen es sich in Abhängigkeit von den Reifebedingungen um hygienisch riskante Lebensmittel handeln kann, die mit pathogenen Mikroorganismen und Verderbserregern belastet sein können sowie sensorische Merkmale von Verderb aufweisen.

5.2.2 Ziel

In diesem Programm sollte die sensorische und mikrobiologisch-hygienische Beschaffenheit der heterogenen Produktgruppe „Dry Aged Beef" unter Berücksichtigung der jeweiligen Herstellungstechnologie erfasst werden. Die Probenahme sollte auf verkaufsfertige Zuschnitte beschränkt werden, die bei Herstellern oder im Einzelhandel zu entnehmen waren. Zur Erfassung der Verderbsflora sollten Fertigpackungen am Ende des MHD untersucht werden.

5.2.3 Ergebnisse

An diesem Programm beteiligten sich 11 Bundesländer mit insgesamt 138 auswertbaren Proben. Daten zur Herstellungstechnologie lagen nur bei einem Teil der Proben vor. Die angegebenen Reifezeiten bei der Herstellung der „Dry Aged Beef"-Proben betrugen 6 Tage bis maximal 90 Tage bei einer Reifungstemperatur von 0 – 5,4 °C. Im Mittel lag die Reifezeit bei 33 Tagen. Im Interesse eines möglichst großen Datenpools wurden auch Datensätze ohne Angaben zur Herstellungstechnologie sowie solche aus anderen Betriebsarten als Hersteller oder Einzelhandel ausgewertet.

Bei der Datenerhebung wurden die sensorischen Eigenschaften (Aussehen, Geruch, Geschmack) in auffällig und unauffällig unterschieden. Eine auffällige Sensorik wurde bei 9 von 138 Proben (6,5 %) festgestellt (Tab. 5.2.1). Da die Beschreibungen der sensorischen Abweichungen der untersuchten Proben nicht in vollem Umfang zur Auswertung der Daten übersandt wurden, konnten Proben, die z. B. durch ein fehlendes Reifearoma von der üblichen Beschaffenheit abwichen, nicht von Proben mit Verderbsmerkmalen unterschieden werden.

Die an der aeroben Fleischreifung natürlicherweise beteiligten Milchsäurebakterien wurden in 39 von 116 Proben (33,6 %) in hohen Keimzahlen von $\geq 10^5$ KbE/g nachgewiesen. Hefen, als typische Florakomponenten der trockenen Fleischreifung, wurden bei 13 von 134 Proben (9,7 %) in einer Keimzahl von $\geq 10^5$ KbE/g festgestellt. Lediglich 3 von 136 Proben (2,2 %) wiesen Schimmelpilz-Keimzahlen von $\geq 10^3$ KbE/g auf. Die Keimzahlen der koagulase-positiven Staphylokokken lagen bei 3 von 120 Proben (2,5 %) in einer nicht lebensmittelintoxikationsrelevanten Keimzahl von $10^2 - 10^3$ KbE/g. In keiner der untersuchten Proben wurden Salmonellen nachgewiesen. Hinweise auf Hygienemängel bei der Herstellung und Behandlung gaben hohe Enterobacteriaceae-Keimzahlen, die bei 25 von 137 Proben (18,2 %) bei $\geq 10^4$ KbE/g lagen. *Escherichia coli* war nicht nachweisbar. Bei 31 von 106 (29,2 %) der sensorisch unauffälligen Proben wurden hohe Pseudomonaden Keimzahlen von $\geq 10^6$ KbE/g ermittelt.

5.2.4 Schlussfolgerungen

Die Ergebnisse dieses Programms zeigen, dass eine stichprobenartige Kontrolle im Rahmen der Routineüberwachung ausreichend ist.

Tab. 5.2.1   Sensorischer und mikrobiologischer Status von trocken gereiftem, verkaufsfertig zugeschnittenem Rindfleisch (küchenfertig vor-/zubereitet, außer schimmelpilzgereiftem Rindfleisch)

Sensorische Eigenschaften der Proben	Anzahl untersuchter Proben	Aerobe Milchsäurebildner in KbE/g (n = 116)					Pseudomonaden in KbE/g (n = 120)					Escherichia coli in KbE/g (n = 135)		Salmonella spp. in KbE/g (n = 115)
		n.n.	$< 10^5$	$10^5 - 10^6$	$10^6 - 10^7$	$> 10^7$	n.n.	$< 10^6$	$10^6 - 10^7$	$10^7 - 10^8$	$> 10^8$	n.n.	< 10	Anzahl positiver Proben
unauffällig	123	19	54	17	10	4	15	60	14	11	6	119	1	–
auffällig	9	–	2	2	–	4	–	4	3	1	–	9	–	–
k.A.	6	1	1	–	2	–	1	1	1	3	–	6	–	–
Gesamt	138	20	57	19	12	8	16	65	18	15	6	134	1	–

Tab. 5.2.1   *Fortsetzung*

Sensorische Eigenschaften der Proben	Koagulasepositive Staphylokokken in KbE/g (n = 120)				Hefen und Verwandte in KbE/g (n = 134)				Schimmelpilze in KbE/g (n = 136)				Enterobacteriaceae in KbE/g (n = 137)					
	n.n.	$< 10^2$	$10^2 - 10^3$	$> 10^3$	n.n.	$< 10^3$	$10^3 - 10^5$	$> 10^5$	n.n.	$< 10^3$	$10^3 - 10^5$	$> 10^5$	n.n.	$< 10^2$	$10^2 - 10^4$	$10^4 - 10^6$	$10^6 - 10^7$	$> 10^7$
unauffällig	104	–	2	–	39	18	52	11	109	12	1	–	68	–	35	14	4	1
auffällig	7	–	1	–	2	1	4	1	7	–	–	1	3	–	4	2	–	–
k.A.	6	–	–	–	2	1	2	1	5	–	1	–	1	1	–	2	2	–
Gesamt	117	–	3	–	43	20	58	13	121	12	2	1	72	1	39	18	6	1

6.1 Nickelabgabe aus Modeschmuck/ Piercingschmuck

Jörg Wolter, LALLF-MV; Andreas Pfalzgraf, LAV-SA

6.1.1 Ausgangssituation

Die zu hohe Nickellässigkeit bei Piercings und Ohrsteckern stellt bis heute ein Problem dar (s. entsprechende RAPEX-Meldungen). Nickel ist in Europa das häufigste Kontaktallergen, die Sensibilisierungsrate in Deutschland liegt bei ca. 10 %. Hat die Sensibilisierung einmal stattgefunden, bleibt sie lebenslang bestehen. Das Allergen, ein Nickelion, kann durch Schweiß aus den nickelhaltigen Oberflächen herausgelöst werden und somit eine Sensibilisierung hervorrufen.

Mit Inkrafttreten der DIN EN 1811:2011 zum 1. April 2013 wird zur Ergebnisangabe eine statistisch begründete Messunsicherheit anstelle des vorherigen, lediglich einseitig anzuwendenden Korrekturfaktors von 0,1 verwendet.

6.1.2 Ziel

In diesem Programm sollte die Auswirkung der methodischen Änderung (Messunsicherheit anstelle Korrekturfaktor) überprüft werden. Dazu sollte die aktuelle Einhaltung der Grenzwerte gemäß Anhang XVII Eintrag 27 der Verordnung (EG) Nr. 1907/2006 (REACH) für die Nickellässigkeit ermittelt und mit der Datenlage aus dem BÜp 2008 – Programm 6.3 verglichen werden.

Da auch die Elemente Chrom und Cobalt allergologisch relevant sind, sollten zur Erhebung aktueller Daten diese beiden Elementabgaben zusammen mit der Nickellässigkeit bestimmt werden.

6.1.3 Ergebnisse

An diesem Programm beteiligten sich 14 Bundesländer mit 556 auswertbaren Teilproben.

Der Vergleich der absoluten Grenzwertüberschreitungen, d. h. ohne Berücksichtigung von Korrekturfaktor bzw. Messunsicherheit, ergab Quoten von 23,5 % (2008: 28 %) für Stecker sowie 6,3 % (2008: 21 %) für Schmuckteile und Verschlüsse (Tab. 6.1.1). Dies lässt die Schlussfolgerung zu, dass herstellerseitig Verbesserungen bei Materialeinsatz und Fertigungsverfahren durchgeführt worden sind, sodass mittlerweile niedrigere Nickellässigkeiten, insbesondere bei anderen Teilen im Hautkontakt wie Verschlüsse und Schmuckteile, erreicht werden.

Der Vergleich der tatsächlichen Beanstandungsquoten unter Berücksichtigung der jeweiligen beanstandungsauslösenden Kriterien (2008: Überschreitung von Grenzwert mit Korrekturfaktor, 2014: Überschreitung von Grenzwert mit Messunsicherheit) ergab für Stecker 17,4 % gegenüber 14 % im Jahr 2008 sowie für Schmuckteile und Verschlüsse 4,9 % (2008: 10 %) (Tab. 6.1.1).

Die im Vergleich zu 2008 gestiegene Beanstandungsquote bei Steckern ist offensichtlich auf die methodische Änderung zurückzuführen. Dieser Effekt wurde bei den Schmuckteilen oder Verschlüssen durch die stark abgesenkten Nickellässigkeiten überlagert und kam nicht mehr zum Tragen, sodass die Beanstandungsquote die Hälfte des Wertes aus dem Jahr 2008 betrug.

Der Anteil an Proben, der innerhalb der gesamten, um die jeweiligen Grenzwerte streuende Messunsicherheit gemäß Anhang A DIN EN 1811:2011 („Grauzone") lag, betrug 12 % sowohl für Stecker als auch für Schmuckteile und Verschlüsse. Diese Proben waren nicht zu beanstanden, es empfiehlt sich in solchen Fällen jedoch ein Hinweis an den Hersteller.

Für die Chrom- und Cobaltlässigkeiten zeigten die sehr niedrigen Medianwerte, dass von der Mehrzahl der

Berichte zur Lebensmittelsicherheit 2014, DOI 10.1007/978-3-319-27906-0_6,
© Bundesamt für Verbraucherschutz und Lebensmittelsicherheit (BVL) 2016

Tab. 6.1.1   Nickelabgabe aus Modeschmuck/Piercingschmuck

Matrix	Anzahl Untersuchungen	Anzahl Untersuchungen mit quantifizierten Gehalten	Nickellässigkeit (μg/cm^2/Woche)			Anzahl Proben > Grenzwert[a]	Anzahl Proben > Grenzwert plus Messunsicherheit[b, c]	Anzahl Proben innerhalb Messunsicherheit[c]
			Mittelwert	Median	Maximum			
Stecker	132	81	0,73	0,06	11,5	31 (23,5 %)	23 (17,4 %)	12 (9,1 %)
Schmuckteile und Verschlüsse	304	164	0,26	0,01	9,26	19 (6,3 %)	15 (4,9 %)	12 (3,9 %)
Ohne Angaben	120	45	0,49	0,12	9,60	mind. 8[d] (6,7 %)	4[d] (3,3 %)	7[d] (5,8 %)

[a] Grenzwert für Stecker: 0,2 μg/cm^2/Woche, Grenzwert für andere Teile (wie Schmuckteile, Verschlüsse): 0,5 μg/cm^2/Woche
[b] Grenzwert plus Messunsicherheit für Stecker: 0,35 μg/cm^2/Woche sowie für andere Teile: 0,88 μg/cm^2/Woche
[c] Messunsicherheit für Stecker: 0,11 < x < 0,35 μg/cm^2/Woche sowie für andere Teile 0,28 < x < 0,88 μg/cm^2/Woche
[d] Aufgrund fehlender Angaben konnte nur der Grenzwert für andere Teile zugrunde gelegt werden.

Tab. 6.1.2   Chrom- und Cobaltabgabe aus Modeschmuck/Piercingschmuck

Parameter	Matrix	Anzahl Untersuchungen	Anzahl Untersuchungen mit quantifizierten Gehalten	Lässigkeit (μg/cm^2/Woche)		
				Mittelwert	Median	Maximum
Chromlässigkeit	Stecker	84	54	6,78	0,02	73,8
	Schmuckteile und Verschlüsse	178	114	0,39	0,004	20,7
	Ohne Angaben	93	36	2,83	0,12	50,0
Cobaltlässigkeit	Stecker	91	47	2,01	0,01	92,0
	Schmuckteile und Verschlüsse	190	109	0,01	0,01	0,10
	Ohne Angaben	89	33	2,11	0,02	44,6

untersuchten Schmuckproben keine Belastungen ausgehen (Tab. 6.1.2). Die Maximalwerte lagen dabei aber deutlich über den für Nickel zulässigen Freisetzungsmengen. Sehr hohe Freisetzungsraten einzelner Teile bedürfen einer toxikologischen Bewertung.

6.1.4   Schlussfolgerungen

Die Ergebnisse dieses Programms zeigen, dass das Thema Nickellässigkeit im Rahmen der amtlichen Kontrolle verstärkt berücksichtigt werden sollte. Ein Aufgreifen dieses Themas in einem späteren, ggf. angepassten Programm sollte in Erwägung gezogen werden. Dabei sollten insbesondere Piercingschmuck und Ohrstecker untersucht werden.

Für die Chrom- und Cobaltlässigkeiten zeigen die Ergebnisse, dass Belastungen möglich sind. Hierzu ist die Risikobewertung noch nicht abgeschlossen. Für dieses Thema wird die weitere Datensammlung im Monitoring vorgeschlagen.

6.1.5   Literatur

BVL (2008): Berichte zur Lebensmittelsicherheit 2008: Bundesweiter Überwachungsplan 2008, BVL-Reporte, Band 4, Heft 5, S. 41 – 42, Basel: Springer

DIN EN 1811:2011 Referenzprüfverfahren zur Bestimmung der Nickellässigkeit von sämtlichen Stäben, die in durchstochene Körperteile eingeführt werden, und Erzeugnissen, die unmittelbar und länger mit der Haut in Berührung kommen

6.2   Chrom (VI) und Azofarbstoffe in Bedarfsgegenständen aus Leder mit Körperkontakt

Bärbel Vieth und Ralph Pirow, BfR

6.2.1   Ausgangssituation

Sechswertiges Chrom ist ein potentes Kontaktallergen (BfR 2007). Untersuchungen der Überwachungsbehörden der Bundesländer zeigen, dass viele Lederwaren, die wie Lederjacken, Handschuhe, Schuhe oder Uhrenarmbänder unmittelbar mit der Haut in Kontakt kommen, zu viel Chrom (VI) enthalten. In der Bedarfsgegenständeverordnung ist deshalb festgelegt, dass der Chrom (VI)-Gehalt in Bedarfsgegenständen mit nicht nur vorübergehendem Hautkontakt analytisch nicht nachweisbar sein darf, wobei für die anzuwendende Methode eine Nachweisgrenze von 3 mg/kg spezifiziert ist.

Im Rahmen des BÜp wurden letztmalig im Jahr 2009 Lederwaren auf den Chrom (VI)-Gehalt untersucht (BVL, 2010). Es wurde empfohlen, das Programm in angemessener Frist zu wiederholen.

6.2.2   Ziel

In diesem Programm sollte die Einhaltung des Grenzwertes für Chrom (VI) bei Bedarfsgegenständen aus Leder bzw. aus Materialkombinationen mit Leder sowie Spielzeug, soweit es auch Leder enthält, kontrolliert werden. Dabei sollten schwerpunktmäßig Produkte des unteren Preissegments, die in Südostasien oder China hergestellt wurden, geprüft werden. Die Probenahme sollte bei Importeuren und Herstellern sowie in kleineren Einzelhandelsgeschäften erfolgen. Neben Chrom (VI) sollten auch die verbotenen, krebserzeugenden primären aromatischen Amine in diesen Bedarfsgegenständen untersucht werden.

6.2.3   Ergebnisse

An diesem Programm beteiligten sich 13 Bundesländer mit insgesamt 386 auswertbaren Proben. Untersucht wurden Bedarfsgegenstände aus Leder oder aus Materialkombinationen mit Leder.

Chrom (VI) wurde in allen Proben untersucht, wobei von einigen Proben mehrere Teilproben analysiert wurden, sodass insgesamt 507 Messergebnisse vorlagen. Die Anzahl der Messwerte pro Warengruppe sowie die deskriptive Statistik zu den Chrom (VI)-Gehalten sind in den Tabellen 6.2.1 und 6.2.2 zusammengefasst. Bei 24 % der Messungen war der Gehalt an Chrom (VI) quantifizierbar. Der Grenzwert von 3 mg/kg war bei 16 % der Messungen überschritten. Grenzwertüberschreitungen mit Gehalten teilweise über 10 mg/kg traten häufig bei Handschuhen und Fingerlingen (33 %), bei der Warengruppe Rucksack /Koffer/Tasche (25 %) sowie bei Arbeitsbekleidung (23 %) und Schuhbekleidung (13 %) auf. Betrachtet man nur die quantifizierten Messwerte, so lagen die mittleren Chrom (VI)-Gehalte bei diesen 4 Warengruppen zwischen 5 und 12 mg/kg. Maximalgehalte von 80,4 mg/kg und 43,3 mg /kg wurden bei Schuhbekleidung und bei Handschuhen und Fingerlingen gemessen. Grenzwertüberschreitungen traten in vergleichbarer Häufigkeit bei Proben aus Europa (15 %) und Asien (17 %) sowie bei Proben unbekannter Herkunft (16 %) auf (Tab. 6.2.3). Proben aus Deutschland waren weniger häufig auffällig (12 %) als Proben aus China (33 %).

Primäre aromatische Amine aus verbotenen Azofarbstoffen wurden in 110 Proben untersucht, deren Mess-

Tab. 6.2.1   Chrom (VI)-Gehalte in verschiedenen lederhaltigen Bedarfsgegenständen

Warengruppe	Anzahl Untersuchungen	Anzahl Untersuchungen auf Chrom (VI)					Anteil ≥ 3 mg/kg
		n. n.[b]	n. b.[c]	> n. b.[c] – < 3 mg/kg	3 mg – 10 mg/kg	> 10 mg/kg	
Ober- und Unterbekleidung	7	–	5	–	2	–	29 %
Schuhbekleidung	311	115	122	34	23	17	13 %
Handschuhe/Fingerlinge	64	36	3	4	14	7	33 %
Arbeitsbekleidung	39	21	8	1	8	1	23 %
Hosenträger/Gürtel	21	19	–	–	2	–	10 %
Uhren	18	15	2	1	–	–	0 %
Schmuck	14	12	–	1	1	–	7 %
Rucksack/Koffer/Tasche	24	1	17	–	3	3	25 %
Material zur Herstellung von Bekleidung	5	3	2	–	–	–	0 %
Sonstige Bedarfsgegenstände[a]	4	1	1	2	–	–	0 %
Gesamt	507	223 (44 %)	160 (32 %)	43 (8 %)	53 (10 %)	28 (6 %)	

[a] Kopfbedeckung, Schal/Halstuch/Fliege, Accessoires,
[b] inkl. Werte negativ, nicht nachgewiesen,
[c] inkl. Werte positiv, nachgewiesen

Tab. 6.2.2   Chrom (VI)-Gehalte in verschiedenen lederhaltigen Bedarfsgegenständen. Die statistischen Kennwerte beziehen sich auf die quantifizierten Gehalte

Warengruppe	Anzahl Untersuchungen mit quantifizierten Gehalten	Gehalt (mg/kg)				
		Minimum	Mittelwert	Median	90. Perzentil	Maximum
Ober- und Unterbekleidung	2 (29 %)	3,0	3,2	–	–	3,3
Schuhbekleidung	74 (24 %)	0,9	9,4	3,2	21,9	80,4
Handschuhe/Fingerlinge	25 (39 %)	2,3	11,8	7,7	34,2	43,3
Arbeitsbekleidung	10 (26 %)	1,9	5,0	4,1	–	11,9
Hosenträger/Gürtel	2 (10 %)	3,4	3,8	–	–	4,1
Uhren	1 (6 %)	–	–	–	–	1,3
Schmuck	2 (14 %)	1,3	3,2	–	–	5,1
Rucksack/Koffer/Tasche	6 (25 %)	3,0	12,0	11,4	–	23,4
Sonstige Bedarfsgegenstände	2 (50 %)	1,1	1,4	–	–	1,6
Gesamt	124 (24 %)					

Tab. 6.2.3   Anzahl der Untersuchungen mit Chrom (VI)-Gehalten von ≥ 3 mg/kg nach Probenherkunft

Region bzw. Land	Anzahl Untersuchungen	Anzahl Untersuchungen ≥ 3 mg/kg	Häufigkeit (%)
China	45	15	33 %
Asien ohne China	202	34	17 %
Europa und Türkei	103	15	15 %
Deutschland	64	8	12 %
Brasilien	4	0	0 %
Unbekannt	198	32	16 %

werte alle unterhalb der Bestimmungs- bzw. Nachweisgrenze lagen.

Zwar ist die Zahl der Proben mit Chrom (VI)-Gehalten über 3 mg/kg im Vergleich zu den Ergebnissen des BÜp aus dem Jahr 2009 zurückgegangen. Dennoch treten Grenzwertüberschreitungen immer noch relativ häufig bei Handschuhen und Fingerlingen, bei der Warengruppe Rucksack/Koffer/Tasche sowie bei Arbeitsbekleidung und Schuhbekleidung auf.

6.2.4   Schlussfolgerungen

Die Ergebnisse dieses Programms zeigen, dass das hier behandelte Thema im Rahmen der amtlichen Kontrolle verstärkt berücksichtigt werden sollte.

6.2.5   Literatur

BVL (2010): Berichte zur Lebensmittelsicherheit 2009: Bundesweiter Überwachungsplan 2009, BVL-Reporte, Band 5, Heft 3, S. 39 – 41, Basel: Springer.

BfR (2007) Stellungnahme Nr. 017/2007 des BfR vom 15. September 2006: http://www.bfr.bund.de/cm/343/bfr_empfiehlt_allergie_ausloesendes_chrom_in_lederprodukten_streng_zu_begrenzen.pdfn

6.3   Bestimmung von Panthenol in kosmetischen Mitteln bei Auslobungen mit Bezug auf ein gesteigertes Feuchthaltevermögen der Haut oder Stimulierung der Epithelisierung

Julia Beine, CVUA-OWL, Detmold

6.3.1   Ausgangssituation

Panthenol, auch unter der Bezeichnung Dexpanthenol oder Provitamin B5 auf kosmetischen Produkten beschrieben, ist bei Verbrauchern als ein pflegender Inhaltsstoff bekannt, der sich positiv auf ein verbessertes Feuchthaltevermögen der Haut auswirkt und zu einer Stimulierung der Epithelisierung führt. Eine solche Auslobung auf kosmetischen Produkten wie z. B. Gesichtscremes, Bodylotions oder Handcremes trägt mit zur Kaufentscheidung des Verbrauchers bei. Gemäß Artikel 20 der VO (EG) 1223/2009 dürfen bei der Kennzeichnung, der Bereitstellung auf dem Markt und der Werbung für kosmetische Mittel keine Texte, Bezeichnungen, Warenzeichen, Abbildungen und andere bildhafte oder nicht bildhafte Zeichen verwendet werden, die Merkmale oder Funktionen vortäuschen, welche die betreffenden Erzeugnisse nicht besitzen. Bei Auslobungen von speziellen Wirkei-

genschaften eines kosmetischen Mittels muss der Hersteller darlegen können, dass die ausgelobte Wirkung des Produktes nachweisbar ist (Artikel 11 (2) Buchstabe d) der VO (EG) 1223/2009).

Die Arbeitsgruppe kosmetische Mittel der GDCh hat für den Wirkstoff Panthenol ein Datenblatt mit Konzentrationsangaben bezüglich kosmetischer Produkte veröffentlicht, die aus Studien und Veröffentlichungen sowie aus der Praxis stammen und für die eine wissenschaftlich belegbare Wirksamkeit vorliegt. So wird bei den o. g. Auslobungen empfohlen, dass der Anteil an Panthenol bei Gesichtcremes 0,5 g/100 g – 5 g/100 g beträgt, bei Bodylotions 0,5 g/100 g – 2 g/100 g, bei Handcremes 0,5 g/100 g – 3 g/100 g, bei Sonnenschutzmitteln und After-Sun-Lotions 1 g/100 g – 5 g/100 g und bei After-Shave-Lotions 0,5 g/100 g – 5 g/100 g[1].

6.3.2   Ziel

In diesem Programm sollte überprüft werden, ob Panthenol in kosmetischen Mitteln mit der Auslobung auf ein gesteigertes Feuchthaltevermögen der Haut oder auf die Stimulierung der Epithelisierung tatsächlich in ausreichender Konzentration vorhanden ist.

6.3.3   Ergebnisse

An diesem Programm beteiligten sich 14 Länder mit insgesamt 500 auswertbaren Proben. Untersucht wurden hierbei kosmetische Mittel wie Gesichtscreme, Bodylotions und Handpflegemittel, Sonnenschutzmittel bzw. Pflegeprodukte, die nach dem Sonnenbad aufgetragen werden, sowie After-Shave-Produkte und Babycreme (Tab. 6.3.1).

Bei den untersuchten kosmetischen Produkten zeigte sich, dass häufig nicht Panthenol allein, sondern weitere Wirkstoffe in Kombination enthalten sind. In der Regel handelte es sich bei den Kombinationswirkstoffen um Vitamin E aus Pflanzenölen oder direktem Zusatz sowie Allantoin. Einige Produkte enthielten neben Panthenol auch Urea (Harnstoff) als Wirkstoff.

Dass neben Panthenol auch weitere Wirkstoffe zur Erzielung der ausgelobten Effekte des kosmetischen Mittels eingesetzt werden, zeigte sich in den Ergebnissen für Gesichtscremes, wobei der Mittelwert des Anteils an Panthenol bei dieser Produktgruppe mit 1,14 g/100 g in einem Bereich lag, in dem seine ausgelobte Wirkung wissenschaftlich belegt ist. Dies traf auch auf die anderen untersuchten Produktgruppen zu.

Bei After-Sun-Präparaten, die von Verbrauchern zur Stimulierung der Epithelisierung z. B. bei einem Sonnen-

Tab. 6.3.1 Nachweis von Panthenol in kosmetischen Mitteln bei Auslobungen mit Bezug auf ein gesteigertes Feuchthaltevermögen der Haut oder Stimulierung der Epithelisierung

Warengruppe	Anzahl untersuchter Proben	Anzahl Proben mit quantifizierten Werten	Gehalt (g/100 g)				
			Minimum	Mittelwert	Median	90. Perzentil	Maximum
Gesichtscreme	110	108	0,006	1,14	0,79	2,48	5,00
Haut-/Körperlotion	128	128	0,09	1,83	0,90	5,01	7,49
Handpflegemittel	92	92	0,07	1,62	0,87	4,95	5,53
Babycreme	28	28	0,46	2,56	1,79	5,02	5,35
Sonnenschutz-/ Pflegemittel	35	35	0,45	0,71	0,60	0,98	2,50
After-Sun-Mittel	75	75	0,51	1,65	1,02	3,76	5,66
After-Shave-Mittel	32	31	0,07	0,91	0,86	1,37	1,81

brand eingesetzt werden, waren die Wirkstoffkonzentrationen in der Regel ausreichend. Im Mittel enthielten die 28 untersuchten Babycremes die höchste Konzentration an Panthenol mit 2,56 g/100 g. Bei Babycremes stehen zudem der stimulierende Charakter der Epithelisierung und der Schutz der Haut sowie eine Pflege bei trockener Haut im Vordergrund.

6.3.4 Schlussfolgerungen

Die Ergebnisse dieses Programms zeigen, dass eine stichprobenartige Kontrolle im Rahmen der Routineüberwachung ausreichend ist.

6.3.5 Literatur

[1] LEBENSMITTELCHEMISCHE GESELLSCHAFT – Fachgruppe in der GESELLSCHAFT DEUTSCHER CHEMIKER – Arbeitsgruppe Kosmetische Mittel, Datenblätter zur Bewertung der Wirksamkeit von Wirkstoffen in kosmetischen Mitteln, „Panthenol", Stand März 2010.

6.4 Ausmaß der Freisetzung von Metallen aus Lebensmittelkontaktmaterialien

Dr. Oliver Kappenstein, BfR

6.4.1 Ausgangssituation

Bei Lebensmittelkontaktmaterialien bestehend aus Metallen oder Legierungen sind Freisetzungen von Elementionen ein wiederkehrendes Problem, welches sich u. a. in den Meldungen des Europäischen Schnellwarnsystems (RASFF) widerspiegelt (z. B. Freisetzung von Nickel und Chrom aus Küchenutensilien).

Außer wenigen nationalen Regelungen in einigen europäischen Ländern (z. B. in Italien für Chrom und Nickel) gibt es in der EU keine gesetzlich festgelegten Grenzwerte für die Freisetzung von Elementen aus Lebensmittelkontaktmaterialien aus Metallen oder Legierungen. Allerdings hat der Europarat spezifische Freisetzungsgrenzwerte für 21 Elemente empfohlen. In dem Experten-Komitee für Verpackungsmaterialien für Lebensmittel und pharmazeutische Produkte (P-SC-EMB) des Europarates wurden unter Beteiligung des BfR die Resolution und die technischen Leitlinien zur Freisetzung von Metallen erarbeitet. Es sind darin neben der Ableitung von spezifischen Freisetzungsgrenzwerten ebenfalls Vorschriften zu den anzuwendenden Testmethoden enthalten.

Von besonderem Interesse sind die nachfolgend genannten Metalle.

Die von der JECFA 2011 abgeleitete duldbare wöchentliche Aufnahme (TWI) für Aluminium wird bereits durch die Aufnahme von Aluminium durch die Nahrung voll ausgeschöpft. Für metallische Gegenstände sieht die Resolution des Europarates einen Freisetzungsgrenzwert für Aluminium von 5 mg/kg Lebensmittel vor. Dieser Wert basiert auf den bislang vorliegenden Kenntnissen zu technologisch unvermeidbaren Freisetzungswerten für Aluminium.

Für Eisen existiert ebenfalls kein gesundheitlich begründeter Grenzwert, der Freisetzungsgrenzwert wurde auf 40 mg/kg Lebensmittel festgelegt.

Die Freisetzung für Chrom ist mit 0,25 mg/kg und für Nickel mit 0,14 mg/kg in Lebensmitteln begrenzt. Für einen Übergangszeitraum von 3 Jahren hält der Europarat abweichend davon Chromfreisetzungen bis zu 1 mg/kg und Nickelfreisetzungen bis zu 0,7 mg/kg Lebensmittel noch für tolerierbar.

Sowohl Blei als auch Cadmium können als Kontaminationen in Metallen enthalten sein. In der Resolution des Europarates zu Metallen und Legierungen für den Lebensmittelkontakt ist für die Freisetzung von Blei in

Tab. 6.4.1 Aluminiumlässigkeit aus Lebensmittelkontaktmaterialien aus Aluminium

Warengruppe	Anzahl Proben	Anteil Proben mit quantifizierten Werten	Mittelwert (mg/kg)	Median (mg/kg)	90. Perzentil (mg/kg)	Maximum (mg/kg)
Besteck[a] und Becher[b] aus Aluminium						
Deutschland	3	3	0,06	0,06	–	0,93
Asien	2	2	0,18	0,18	–	0,32
keine Angabe	4	4	0,19	0,17	–	0,38
Gegenstände zum Kochen/Braten/Backen/Grillen[c] aus Aluminium						
Deutschland	19	19	127	52,0	278	780
Europa	6	6	20,3	2,60	–	78,5
Asien	1	1	–	–	–	62,1
keine Angabe	3	3	1,35	0,34	–	3,70
Verpackungsmaterial für Lebensmittel aus Aluminium						
Deutschland	2	2	2,00	2,00	–	3,00
Europa	3	3	4,30	3,80	–	8,80

[a] inkl. Pizzaschneider, Käsehobel, Reiben, Tortenheber, Servierbestecke
[b] inkl. Kannen, Teeei, Kaffeefilter
[c] inkl. Kellen, Schäler, Küchenmesser

Lebensmitteln ein Grenzwert von 0,01 mg/kg und für Cadmium von 0,005 mg/kg Lebensmittel festgelegt. Für einen Übergangszeitraum hält der Europarat abweichend davon noch Bleifreisetzungen bis zu 0,04 mg/kg Lebensmittel und Cadmiumfreisetzungen bis zu 0,02 mg/kg Lebensmittel für tolerierbar.

Weitere Informationen zur Resolution enthält die Internetseite des Europarats: http://www.edqm.eu/en/Cosmetics-packaging-guides-1486.html

6.4.2 Ziel

In diesem Programm sollte geprüft werden, ob die vorgeschlagenen Freisetzungsgrenzwerte bestimmter Metalle bei metallischen Lebensmittelkontaktmaterialien eingehalten werden können. Um darüber hinaus die Datenlage für die Ableitung von Freisetzungsgrenzwerten nach dem ALARA-Prinzip zu verbessern, ist eine Bestandsaufnahme über Art und Menge des Übergangs von Metallen auf Lebensmittel sinnvoll.

Im Rahmen dieses Programms sollte daher für die Elemente Aluminium, Eisen, Chrom, Nickel, Blei und Cadmium gezeigt werden, welche Freisetzungen als technologisch unvermeidbar erscheinen.

6.4.3 Ergebnisse

An diesem Programm beteiligten sich 14 Bundesländer mit insgesamt 404 auswertbaren Proben. Im Rahmen dieses Programmes wurden zum überwiegenden Teil Lebensmittelkontaktmaterialien aus Metallen außer Aluminium (z. B. Edelstahl) und davon am häufigsten Proben aus den Warengruppen „Besteck und Becher aus Metall" und „Gegenstände zum Kochen/Braten/Backen/Grillen aus Metall" untersucht.

Die Aluminiumlässigkeit von Lebensmittelkontaktmaterialien aus Aluminium wurde bei insgesamt 43 Proben geprüft (Tab. 6.4.1). Davon entfielen auf die Warengruppe „Besteck und Becher aus Aluminium" 9 Proben. Hier konnte in allen Proben eine Aluminiumlässigkeit bestimmt werden, welche kleiner als der Freisetzungsgrenzwert von 5 mg Aluminium/kg Lebensmittel war. In der Warengruppe „Gegenstände zum Kochen/Braten/Backen/Grillen aus Aluminium" wurden 29 Proben untersucht. Hier wurden Freisetzungen von Aluminium größer als der Freisetzungsgrenzwert festgestellt.

Die Eisenlässigkeit (Tab. 6.4.2) und die Chromlässigkeit (Tab. 6.4.3) von Lebensmittelkontaktmaterialien aus Metall (außer Aluminium) wurden bei insgesamt 404 Proben untersucht. Im überwiegenden Teil der Proben wurden sowohl für die Eisenlässigkeit als auch für die Chromlässigkeit Freisetzungen deutlich unterhalb des Freisetzungsgrenzwertes von 40 mg Eisen/kg Lebensmittel bzw. 0,25 mg Chrom/kg Lebensmittel bestimmt.

Die Nickellässigkeit aus Lebensmittelkontaktmaterialien aus Metall (außer Aluminium) wurde bei insgesamt 372 Proben untersucht (Tab. 6.4.4). Auch für die Nickellässigkeit zeigte der überwiegende Teil der Proben deutlich geringere Freisetzungen als der Freisetzungsgrenzwert von 0,14 mg Nickel/kg Lebensmittel.

Tab. 6.4.2 Eisenlässigkeit aus Lebensmittelkontaktmaterialien aus Metall außer Aluminium

Warengruppe	Anzahl Proben	Anteil Proben mit quanti-fizierten Werten	Mittelwert (mg/kg)	Median (mg/kg)	90. Perzentil (mg/kg)	Maximum (mg/kg)
Besteck[a] und Becher[b] aus Metall						
Deutschland	49	32	0,45	0,15	1,50	1,90
Europa	4	2	0,22	0,22	–	0,27
Asien	74	60	0,66	0,35	1,50	4,56
keine Angabe	92	80	3,10	0,22	1,96	140
Gegenstände zum Kochen/Braten/Backen/Grillen[c] aus Metall						
Deutschland	72	52	142	0,13	5,76	7.333
Europa	1	1	–	–	–	0,09
Asien	39	30	27,7	0,36	6,39	751
keine Angabe	46	33	133	0,32	1,52	2.639
Verpackungsmaterial für Lebensmittel aus Metall						
Deutschland	2	–	–	–	–	–
Europa	2	–	–	–	–	–
Asien	1	1	–	–	–	13,3
keine Angabe	2	–	–	–	–	–
Verpackungsmaterial für Lebensmittel aus Metall, lackiert/beschichtet						
Deutschland	5	1	–	–	–	–
Asien	1	1	–	–	–	–
keine Angabe	6	5	668	520	–	1.200
Sonstige Lebensmittelkontaktmaterialien aus Metall						
Asien	8	6	2,70	1,67	–	9,50

[a] inkl. Pizzaschneider, Käsehobel, Reiben, Tortenheber, Servierbestecke
[b] inkl. Kannen, Teeei, Kaffeefilter
[c] inkl. Kellen, Schäler, Küchenmesser

Die Bleilässigkeit von Lebensmittelkontaktmaterialien aus Metall (außer Aluminium) wurde bei insgesamt 384 Proben untersucht (Tab. 6.4.5). Der Anteil an Proben mit quantifizierbaren Ergebnissen war in diesem Fall sehr gering. Der überwiegende Teil der Proben zeigte für die Bleilässigkeit Werte deutlich unterhalb des Freisetzungsgrenzwertes von 0,01 mg Blei/kg Lebensmittel.

Von insgesamt 382 untersuchten Proben wurde nur in einer Probe der Warengruppe „Gegenstände zum Kochen/Braten/Backen/Grillen aus Metall" ein Wert von 0,001 mg Cadmium/kg Lebensmittel für die Cadmiumlässigkeit aus Lebensmittelkontaktmaterialien aus Metall (außer Aluminium) bestimmt (Tab. 6.4.6). Dieser Wert lag unterhalb des Freisetzungsgrenzwertes von 0,005 mg Cadmium/kg Lebensmittel.

Die Ergebnisse zeigen, dass der überwiegende Teil der Proben die spezifischen Freisetzungsgrenzwerte des Europarats einhielt.

Die Prüfungen wurden entsprechend den in der Europaratsresolution beschriebenen Bedingungen hinsichtlich Prüfsimulanz, -temperatur und -zeit durchgeführt. Eine Revision dieser Festlegungen wird zurzeit diskutiert, da es Hinweise darauf gibt, dass es unter diesen Bedingungen zum Teil zu Überschätzungen des Übergangs auf Lebensmittel kommen kann.

6.4.4 Schlussfolgerungen

Die Ergebnisse dieses Programms zeigen, dass eine stichprobenartige Kontrolle im Rahmen der Routineüberwachung ausreichend ist.

Tab. 6.4.3   Chromlässigkeit aus Lebensmittelkontaktmaterialien aus Metall außer Aluminium

Warengruppe	Anzahl Proben	Anteil Proben mit quantifizierten Werten	Mittelwert (mg/kg)	Median (mg/kg)	90. Perzentil (mg/kg)	Maximum (mg/kg)
Besteck[a] und Becher[b] aus Metall						
Deutschland	49	25	0,02	0,01	0,05	0,07
Europa	4	3	0,01	0,02	–	0,02
Asien	74	52	0,03	0,02	0,06	0,20
keine Angabe	92	65	0,38	0,01	0,04	19,0
Gegenstände zum Kochen/Braten/Backen/Grillen[c] aus Metall						
Deutschland	73	37	0,05	0,008	0,05	0,85
Europa	1	–	–	–	–	–
Asien	41	25	0,04	0,01	0,08	0,30
keine Angabe	44	27	0,04	0,01	0,08	0,26
Verpackungsmaterial für Lebensmittel aus Metall						
Deutschland	2	1	–	–	–	0,002
Europa	2	–	–	–	–	–
Asien	1	1	–	–	–	0,01
keine Angabe	2	1	–	–	–	0,002
Verpackungsmaterial für Lebensmittel aus Metall, lackiert/beschichtet						
Deutschland	5	1	–	–	–	0,002
Asien	1	1	–	–	–	0,03
keine Angabe	6	5	0,25	0,23		0,43
Sonstige Lebensmittelkontaktmaterialien aus Metall						
Asien	7	6	0,07	0,03	–	0,21

[a] inkl. Pizzaschneider, Käsehobel, Reiben, Tortenheber, Servierbestecke
[b] inkl. Kannen, Teeei, Kaffeefilter
[c] inkl. Kellen, Schäler, Küchenmesser

Tab. 6.4.4 Nickellässigkeit aus Lebensmittelkontaktmaterialien aus Metall außer Aluminium

Warengruppe	Anzahl Proben	Anteil Proben mit quantifizierten Werten	Mittelwert (mg/kg)	Median (mg/kg)	90. Perzentil (mg/kg)	Maximum (mg/kg)
Besteck[a] und Becher[b] aus Metall						
Deutschland	49	13	0,05	0,003	0,01	0,63
Europa	4	–	–	–	–	–
Asien	72	9	0,009	0,004	–	0,18
keine Angabe	87	21	0,04	0,007	0,10	0,26
Gegenstände zum Kochen/Braten/Backen/Grillen[c] aus Metall						
Deutschland	64	9	0,38	0,03	–	1,06
Europa	1	–	–	–	–	–
Asien	33	10	0,05	0,01	0,15	0,28
keine Angabe	35	12	0,28	0,008	1,18	1,97
Verpackungsmaterial für Lebensmittel aus Metall						
Deutschland	2	–	–	–	–	–
Europa	2	–	–	–	–	–
Asien	1	–	–	–	–	–
keine Angabe	2	–	–	–	–	–
Verpackungsmaterial für Lebensmittel aus Metall, lackiert/beschichtet						
Deutschland	5	–	–	–	–	–
Asien	1	–	–	–	–	–
keine Angabe	6	–	–	–	–	–
Sonstige Lebensmittelkontaktmaterialien aus Metall						
Asien	8	–	–	–	–	–

[a] inkl. Pizzaschneider, Käsehobel, Reiben, Tortenheber, Servierbestecke
[b] inkl. Kannen, Teeei, Kaffeefilter
[c] inkl. Kellen, Schäler, Küchenmesser

Tab. 6.4.5   Bleilässigkeit aus Lebensmittelkontaktmaterialien aus Metall außer Aluminium

Warengruppe	Anzahl Proben	Anteil Proben mit quantifizierten Werten	Mittelwert (mg/kg)	Median (mg/kg)	90. Perzentil (mg/kg)	Maximum (mg/kg)
Besteck[a] und Becher[b] aus Metall						
Deutschland	48	2	0,001	0,001	–	0,001
Europa	4	–	–	–	–	–
Asien	67	4	0,001	0,001	–	0,001
keine Angabe	91	1	–	–	–	0,001
Gegenstände zum Kochen/Braten/Backen/Grillen[c] aus Metall						
Deutschland	68	5	0,004	0,003	–	0,01
Europa	1	–	–	–	–	–
Asien	38	3	1,52	0,08	–	4,48
keine Angabe	40	3	0,02	0,01	–	0,05
Verpackungsmaterial für Lebensmittel aus Metall						
Deutschland	2	–	–	–	–	–
Europa	2	–	–	–	–	–
Asien	1	–	–	–	–	–
keine Angabe	2	–	–	–	–	–
Verpackungsmaterial für Lebensmittel aus Metall, lackiert/beschichtet						
Deutschland	5	–	–	–	–	–
Asien	1	–	–	–	–	–
keine Angabe	6	–	–	–	–	–
Sonstige Lebensmittelkontaktmaterialien aus Metall						
Asien	8	–	–	–	–	–

[a] inkl. Pizzaschneider, Käsehobel, Reiben, Tortenheber, Servierbestecke
[b] inkl. Kannen, Teeei, Kaffeefilter
[c] inkl. Kellen, Schäler, Küchenmesser

Tab. 6.4.6 Cadmiumlässigkeit aus Lebensmittelkontaktmaterialien aus Metall außer Aluminium

Warengruppe	Anzahl Proben	Anteil Proben mit quantifizierten Werten	Mittelwert (mg/kg)	Median (mg/kg)	90. Perzentil (mg/kg)	Maximum (mg/kg)
Besteck[a] und Becher[b] aus Metall						
Deutschland	48	–	–	–	–	–
Europa	4	–	–	–	–	–
Asien	67	–	–	–	–	–
keine Angabe	91	–	–	–	–	–
Gegenstände zum Kochen/Braten/Backen/Grillen[c] aus Metall						
Deutschland	68	1	–	–	–	0,001
Europa	1	–	–	–	–	–
Asien	37	–	–	–	–	–
keine Angabe	40	–	–	–	–	–
Verpackungsmaterial für Lebensmittel aus Metall						
Deutschland	2	–	–	–	–	–
Europa	2	–	–	–	–	–
Asien	1	–	–	–	–	–
keine Angabe	2	–	–	–	–	–
Verpackungsmaterial für Lebensmittel aus Metall, lackiert/beschichtet						
Deutschland	5	–	–	–	–	–
Asien	1	–	–	–	–	–
keine Angabe	5	–	–	–	–	–
Sonstige Lebensmittelkontaktmaterialien aus Metall						
Asien	8	–	–	–	–	–

[a] inkl. Pizzaschneider, Käsehobel, Reiben, Tortenheber, Servierbestecke
[b] inkl. Kannen, Teeei, Kaffeefilter
[c] inkl. Kellen, Schäler, Küchenmesser

7.1 Bundesweiter Rückverfolgbarkeitstest ALL STEPS DOWN, ausgehend von einem Fleischerzeugnis

Kerstin Höxter, LK Goslar

7.1.1 Ausgangssituation

Die Rückverfolgbarkeit von Lebensmitteln wird in Ergänzung der VO (EG) Nr. 178/2002 noch durch die VO (EU) Nr. 931/2011 über Rückverfolgbarkeitsanforderungen an Lebensmittel tierischer Herkunft sowie die VO (EG) Nr. 1760/2000 speziell für Rindfleisch konkretisiert. Jüngste „Fleischskandale" haben gezeigt, dass hier Handlungsbedarf besteht. Die primäre rechtliche Grundlage zur Rückverfolgbarkeit ergibt sich aus Artikel 18 der VO (EG) Nr. 178/2002 zur Festlegung der allgemeinen Grundsätze und Anforderungen des Lebensmittelrechts.

7.1.2 Ziel

In diesem Programm sollte geprüft werden, wie weit das eingesetzte Rind- oder Schweinefleisch eines Fleischerzeugnisses zurückverfolgt werden kann. Die dabei entstehende Rückverfolgbarkeitskette (RVK) sollte mit einer Initialkontrolle beim Hersteller von Fleischerzeugnissen beginnen und bei der Tierproduktion/Tierzucht enden.

7.1.3 Ergebnisse

An diesem Programm beteiligten sich alle 16 Bundesländer im Rahmen der Amtshilfe, davon 13 Bundesländer mit insgesamt 62 Initialkontrollen zu verschiedenen Fleischerzeugnissen (Abb. 7.1.1).

Dabei waren lediglich 10 vollständige RVK (16 %) und 15 fast vollständige RVK (24 %) bis zum Mäster darstellbar (Tab. 7.1.1). In immerhin 37 Fällen (60 %) ließ sich die Herkunft des Fleisches noch nicht einmal bis zum Mastbetrieb zurückverfolgen.

Die Anzahl der Chargen von Fleisch, Tieren und Betrieben in den Rückverfolgbarkeitsketten variierte erheblich. Tabelle 7.1.2 zeigt dies bei den 10 vollständigen Rückverfolgbarkeitsketten.

Mit großem Aufwand wurden sowohl Monoprodukte als auch Fleischerzeugnisse aus Rind- und Schweinefleisch bis zur teilweise immensen Anzahl von Rindern/Kälbern als auch Schweinen/Ferkeln zurückverfolgt.

Insgesamt ergibt sich, dass eine vollständige Rückverfolgung von Fleischerzeugnissen innerhalb Deutschlands prinzipiell möglich ist, aber unterschiedliche Gründe häufig zu einem vorzeitigen Abbruch führen. Oftmals war der hohe Arbeitsaufwand für die Abfrage der Mast- und Erzeugerbetriebe die Ursache für ein unbefriedigendes Ermittlungsergebnis. Weiterhin konzentriert sich die Mehrzahl der großen Schlacht- und Mastbetriebe in Deutschland in wenigen Regionen, sodass die dort zuständigen kommunalen Behörden mit den bundesweiten Anfragen für dieses Test-Szenario überlastet waren und somit zahlreiche Anfragen nicht beantworten konnten.

An den vollständigen RVK, aber auch an den Ketten, die nur bis zum Mastbetrieb verfolgt werden konnten, lassen sich die neueren Entwicklungen in der Fleischbranche erkennen. Die Streuung in der RVK wird durch den Einsatz von Verarbeitungsfleisch, das aus diversen Chargen stammt, durch die Definition der Tagesschlachtcharge sowie auch auf der Stufe der Lebendtiere durch den Tierhandel erheblich vergrößert. Die Kette wird unübersichtlich, eine Rückverfolgung dadurch stark erschwert oder unmöglich.

Dagegen stellt sich die vollständige Rückverfolgung bei den selten gewordenen Kleinstbetrieben mit eigener Schlachtung und Verarbeitung als positives Gegenbeispiel dar. Sie scheint genauso bei Großbetrieben mit eigener Aufzucht und Mast sowie Schlachtung/Zerlegung/Verarbeitung realisierbar zu sein.

In den überprüften Betrieben war in Einzelfällen die Dokumentation, z. B. durch eine fehlerhafte Erfassung

Berichte zur Lebensmittelsicherheit 2014, DOI 10.1007/978-3-319-27906-0_7,
© Bundesamt für Verbraucherschutz und Lebensmittelsicherheit (BVL) 2016

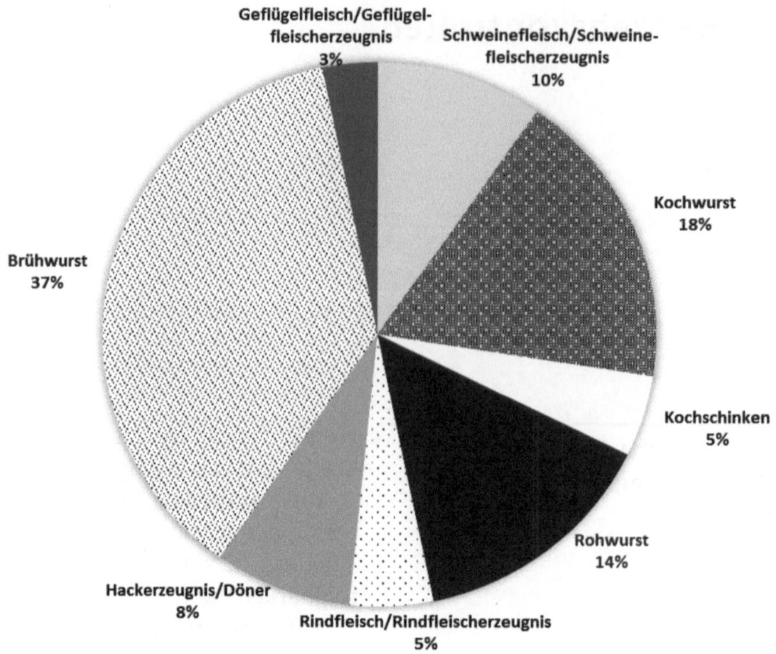

Abb. 7.1.1   Anteil der für die 62 Initialkontrollen ausgewählten Fleischerzeugnisse

Tab. 7.1.1   Anzahl der vollständigen Rückverfolgbarkeitsketten (RVK) entsprechend der Tierart im Produkt und der jeweiligen Endstufe der RVK

Tierart	Initialkontrollen	RVK bis erste Stufe vor der Herstellung (Lieferant, Zerlegung)	RVK bis zu den Schlachtkörpern (Schlachtbetrieben)	RVK bis zum Mastbetrieb	RVK vollständig bis zum Ferkel-, Kalb- oder Kükenerzeuger
Rind/Kalb	5	5	2	0	0
Schwein	35	35	13	7	5
Geflügel (Hähnchen)	2	2	1	2	0
Rind/Kalb und Schwein	20	20	8	6	5
Gesamt	62	62	24	15	10

von Ohrmarkennummern, nicht schlüssig nachvollziehbar. Insbesondere vergrößert aber die Verarbeitung von Rework, d. h. von Produktionsfehlchargen oder von Reststücken, den Rückverfolgbarkeitsaufwand immens. Zwar wird nur eine geringe Menge davon in neu produzierte Chargen eingebracht, bei einer möglicherweise erforderlichen Rücknahme der Charge vom Markt wird aber die betroffene Produktmenge über die Zugabe von Rework erheblich vergrößert. Hersteller von Fleischerzeugnissen gehen daher teilweise dazu über, u. a. aufgrund einer Risikoabschätzung, Rework nur noch in wenigen Endprodukten einzusetzen und einem kurzen Vertriebsweg zuzuführen (z. B. Werksverkauf).

7.1.4   Schlussfolgerungen

Die Ergebnisse dieses Programms zeigen, dass das hier behandelte Thema in einem späteren, ggf. angepassten Programm aufgegriffen werden sollte.

Tab. 7.1.2   Übersicht über die Anzahl der Fleischchargen, Tiere und Betriebe bei den Produkten, für die eine vollständige Rückverfolgbarkeit möglich war

Jeweiliges Fleischerzeugnis für die Initialkontrolle	Anzahl Chargen – Rohmaterial		Anzahl Chargen – Schlachtung		Anzahl Betriebe – Händler		Anzahl Betriebe – Mäster		Anzahl Betriebe – Erzeuger		Anzahl Tiere – Erzeuger	
	Rind	Schwein	Tierkörper Rind	Hälfte Schwein	Rind	Schwein	Rind	Schwein	Kalb	Ferkel	Rinder	Schweine/ Ferkel
Schwarzwälder Schinken	–	8	–	2	–	–	–	5	–	2	–	–
Spanferkelbrust	–	1	–	1	–	6	–	7	–	21	–	948
Schinkenwurst	–	4	40	91	7	4	20	9	–	6	73	182
Minisalami	6	20	6	14	–	–	–	33	–	–	449	1187
Wollwurst	1	15	1	13	–	–	1	636	1	23	–	–
Leberkäse	1	11	1	6	–	–	–	68	–	221	17	–
Frühstücksspeck	–	1	–	3	–	–	–	17	–	14	–	–
Frikadelle aus Schweine- und Rindfleisch	1	1	–	–	–	–	–	103	–	–	7	–
Mettwurst	–	1	–	1	–	–	–	–	–	1	–	–
Hausmachersülze	–	1	–	1	–	–	–	1	–	1	–	–

Zitierte Gesetzgebung

Deutsche Gesetzgebung

AVV RÜb Allgemeine Verwaltungsvorschrift über Grundsätze zur Durchführung der amtlichen Überwachung der Einhaltung lebensmittelrechtlicher, weinrechtlicher, futtermittelrechtlicher und tabakrechtlicher Vorschriften (AVV Rahmen-Überwachung AVV RÜb) vom 3. Juni 2008. GMBl Nr. 22, S. 426, zuletzt geändert durch Verwaltungsvorschrift vom 14. August 2013 (BAnz AT 20. August 2013 B2)

BedGgstV Bedarfsgegenständeverordnung in der Fassung der Bekanntmachung vom 23. Dezember 1997 (BGBl. 1998 I S. 5), geändert durch Artikel 1 der Verordnung vom 24. Juni 2013 (BGBl. I S. 1682)

DiätV Diätverordnung in der Fassung der Bekanntmachung vom 28. April 2005 (BGBl. I S. 1161), zuletzt geändert durch Artikel 1 der Verordnung vom 25. Februar 2014 (BGBl. I S. 218)

LFGB Lebensmittel-, Bedarfsgegenstände- und Futtermittelgesetzbuch (Lebensmittel- und Futtermittelgesetzbuch) in der Fassung der Bekanntmachung vom 3. Juni 2013 (BGBl. I S. 1426), zuletzt geändert durch Artikel 67 der Verordnung vom 31. August 2015 (BGBl. I S. 1474)

LMKV Lebensmittel-Kennzeichnungsverordnung in der Fassung der Bekanntmachung vom 15. Dezember 1999 (BGBl. I S. 2464), zuletzt geändert durch Artikel 2 der Verordnung vom 25. Februar 2014 (BGBl. I S. 218)

EU Gesetzgebung

Verordnungen

Verordnung (EG) Nr. 1760/2000 des Europäischen Parlaments und des Rates vom 17. Juli 2000 zur Einführung eines Systems zur Kennzeichnung und Registrierung von Rindern und über die Etikettierung von Rindfleisch und Rindfleischerzeugnissen sowie zur Aufhebung der Verordnung (EG) Nr. 820/97 des Rates. ABl. L 204, S. 1, zuletzt geändert durch Artikel 1 ÄndVO (EU) 653/2014 vom 15. Mai 2014. ABl. L 189, S. 33.

Verordnung (EG) Nr. 178/2002 des Europäischen Parlaments und des Rates vom 28. Januar 2002 zur Festlegung der allgemeinen Grundsätze und Anforderungen des Lebensmittelrechts, zur Errichtung der Europäischen Behörde für Lebensmittelsicherheit und zur Festlegung von Verfahren zur Lebensmittelsicherheit. ABl. L 31 vom 1. Februar 2002, S. 1, zuletzt geändert durch Verordnung (EG) Nr. 596/2009 des Europäischen Parlaments und des Rates vom 18. Juni 2009. ABl. L 188 vom 18. Juli 2009, S. 14.

Verordnung (EG) Nr. 853/2004 des Europäischen Parlaments und des Rates vom 29. April 2004 mit spezifischen Hygienevorschriften für Lebensmittel tierischen Ursprungs. ABl. L 139 vom 30. April 2004, S. 55, zuletzt geändert durch die Verordnung (EU) Nr. 218/2014 der Kommission vom 7. März 2014. ABl. L 69 vom 8. März 2014, S. 95.

Verordnung (EG) Nr. 401/2006 der Kommission vom 23. Februar 2006 zur Festlegung der Probenahmeverfahren und Analysemethoden für die amtliche Kontrolle des Mykotoxingehalts von Lebensmitteln. ABl. L 70 S. 12, zuletzt geändert durch Artikel 1 ÄndVO (EU) 519/2014 vom 16. Mai 2014, ABl. L 147 S. 29.

Berichte zur Lebensmittelsicherheit 2014, DOI 10.1007/978-3-319-27906-0_8,
© Bundesamt für Verbraucherschutz und Lebensmittelsicherheit (BVL) 2016

Verordnung (EG) Nr. 1881/2006 der Kommission vom 19. Dezember 2006 zur Festsetzung der Höchstgehalte für bestimmte Kontaminanten in Lebensmitteln. ABl. L 364 vom 20. Dezember 2006, S. 5, zuletzt geändert durch Verordnung (EU) Nr. 212/2014 der Kommission vom 6. März 2014. ABl. L 67 vom 7. März 2014, S. 3.

Verordnung (EG) Nr. 1907/2006 des Europäischen Parlaments und des Rates vom 18. Dezember 2006 zur Registrierung, Bewertung, Zulassung und Beschränkung chemischer Stoffe (REACH), zur Schaffung einer Europäischen Chemikalienagentur, zur Änderung der Richtlinie 1999/45/EG und zur Aufhebung der Verordnung (EWG) Nr. 793/93 des Rates sowie der Richtlinien 91/155/EWG, 93/67/EWG, 93/105/EG und 2000/21/EG der Kommission. ABl. L 396 vom 30. Dezember 2006, S. 1, zuletzt geändert durch Verordnung (EU) Nr. 895/2014 der Kommission vom 14. August 2014. ABl. L 244 vom 19. August 2014, S. 6.

Verordnung (EG) Nr. 1223/2009 des Europäischen Parlaments und des Rates vom 30. November 2009 über kosmetische Mittel. ABl. L 342 vom 22. Dezember 2009, S. 59, (ber. ABl. L 318, 2012, S. 74, ABl. L 72, 2013, S. 16), zuletzt geändert durch Artikel 1 ÄndVO (EU) 1004/2014 vom 18. September 2014. ABl. L 282, S. 5.

Verordnung (EU) Nr. 37/2010 über pharmakologisch wirksame Stoffe und ihre Einstufung hinsichtlich der Rückstandshöchstmengen in Lebensmitteln tierischen Ursprungs. ABl. L 15 2010, S. 1, ber. ABl. Nr. L 293 2010, S. 72, zuletzt geändert durch Artikel 1 ÄndVO (EU) 2015/1080 vom 3. Juli 2015. ABl. Nr. L 175, S. 11.

Verordnung (EU) Nr. 835/2011 der Kommission vom 19. August 2011 zur Änderung der Verordnung (EG) Nr. 1881/2006 im Hinblick auf Höchstgehalte an polyzyklischen aromatischen Kohlenwasserstoffen in Lebensmitteln. ABl. L 215 vom 20. August 2011, S. 4.

Durchführungsverordnung (EU) Nr. 931/2011 der Kommission vom 19. September 2011 über die mit der Verordnung (EG) Nr. 178/2002 des Europäischen Parlaments und des Rates festgelegten Rückverfolgbarkeitsanforderungen an Lebensmittel tierischen Ursprungs. ABl. Nr. L 242 vom 20 September 2011, S. 2, ber. ABl. L 327 vom 9. Dezember 2011, S. 70, ABl. L 19 vom 22. Januar 2014, S. 8.

Verordnung (EU) Nr. 1169/2011 des Europäischen Parlaments und des Rates vom 25. Oktober 2011 betreffend die Information der Verbraucher über Lebensmittel. ABl. L 304, S. 18, ber. ABl. 2014, L 331, S. 41 und ber. ABl. 2015, L 50, S. 48, zuletzt geändert durch Artikel 1 ÄndVO (EU) 78/2014 vom 22. November 2013. ABl. 2014, L 27, S. 7.

ADI (Acceptable Daily Intake)

ADI steht für „Acceptable Daily Intake" (duldbare tägliche Aufnahmemenge) und gibt die Menge eines Stoffes an, die ein Mensch täglich und ein Leben lang ohne erkennbares gesundheitliches Risiko aufnehmen kann. Eine kurzzeitige Überschreitung des ADI-Wertes durch Rückstände in Lebensmitteln stellt keine Gefährdung der Verbraucher dar, da der ADI-Wert unter Annahme einer täglichen lebenslangen Exposition abgeleitet wird.

ARfD (Akute Referenzdosis)

Die akute Referenzdosis (ARfD) ist definiert als diejenige Substanzmenge, die über die Nahrung innerhalb eines Tages oder mit einer Mahlzeit ohne erkennbares gesundheitliches Risiko für den Menschen aufgenommen werden kann. Sie wird für Stoffe festgelegt, die im ungünstigsten Fall schon bei einmaliger oder kurzzeitiger Aufnahme toxische Wirkungen auslösen können. Ob eine Schädigung der Gesundheit tatsächlich eintreten kann, muss für jeden Einzelfall geprüft werden.

Benzo(a)pyren

Benzo(a)pyren gehört zur Stoffklasse der polyzyklischen aromatischen Kohlenwasserstoffe (PAK). Es ist der bekannteste Vertreter und gilt derzeit als Leitsubstanz für PAK. Benzo(a)pyren ist stark krebserzeugend und erbgutschädigend.

Bestimmungsgrenze

Die geringste Menge eines Stoffes, die mengenmäßig eindeutig und sicher bestimmt (quantifiziert) werden kann, wird als „Bestimmungsgrenze" bezeichnet. Sie ist von dem verwendeten Verfahren, den Messgeräten und dem zu untersuchenden Lebensmittel abhängig.

Eigenkontrolle

Die am Lebensmittelverkehr Beteiligten sind im Rahmen ihrer Sorgfaltspflicht und der Bestimmungen zur Produkthaftung zur Eigenkontrolle verpflichtet. Unter Eigenkontrollen werden Befunderhebungen und Konzepte sowohl zur Sicherstellung einer guten Herstellungspraxis und guten Hygienepraxis als auch zur Sicherstellung der gesundheitlichen Unbedenklichkeit der Lebensmittel verstanden.

GHP

„Gute Hygiene Praxis" (GHP): Mit guter Hygienepraxis arbeiten Betriebe, wenn sie bezüglich der Hygiene Verfahren anwenden, die dem anerkannten Stand von Wissenschaft und Technik entsprechen, den rechtlichen Anforderungen genügen und von fachlich geeignetem Personal mit angemessener Sorgfalt durchgeführt werden. Die Beschreibung der guten Hygienepraxis erfolgt in sogenannten Leitlinien.

Höchstgehalt/Höchstmenge

Höchstgehalte sind in der Gesetzgebung festgeschriebene, höchstzulässige Mengen für Rückstände und Kontaminanten in oder auf Erzeugnissen, die beim gewerbsmäßigen Inverkehrbringen nicht überschritten werden dürfen. Sie werden sowohl in der EU als auch in Deutschland grundsätzlich nach dem Minimierungsgebot festgesetzt, d. h. so niedrig wie unter den gegebenen Produktionsbedingungen und nach guter landwirtschaftlicher Praxis möglich, aber niemals höher als toxikologisch vertretbar. Bei der Festsetzung von Höchstgehalten werden deshalb in der Regel toxikologische Expositionsgrenzwerte, wie z. B. die duldbare tägliche Aufnahmemenge (ADI; acceptable daily intake) oder die akute Referenzdosis (ARfD), berücksichtigt, die noch Sicherheitsfaktoren – meistens Faktor 100 – beinhalten, sodass bei einer gelegentlichen Überschreitung der Höchstgehalte keine gesundheitliche Gefährdung des Verbrauchers zu erwarten ist. Nichtsdestotrotz sind die Höchstgehalte einzuhalten. Verantwortlich dafür ist in erster Linie der Hersteller/Erzeuger bzw. bei der Einfuhr aus Drittländern der in der EU ansässige Importeur. Die amtliche Lebensmittelüberwachung kontrolliert stichprobenweise das Erzeugnisangebot auf die

Berichte zur Lebensmittelsicherheit 2014, DOI 10.1007/978-3-319-27906-0_9,
© Bundesamt für Verbraucherschutz und Lebensmittelsicherheit (BVL) 2016

Einhaltung der Höchstgehalte. Bei Überschreitung eines Höchstgehalts ist das Produkt nicht verkehrsfähig und darf nicht verkauft werden.

Der gleichbedeutende Begriff Höchstmenge wird in Deutschland noch in verschiedenen Verordnungen, so z. B. in der Rückstands-Höchstmengenverordnung (RHmV) für die rechtliche Regelung von Rückständen von Pflanzenschutzmitteln in und auf Lebensmitteln verwendet.

Median

Der Median ist derjenige Zahlenwert, der die Reihe der nach ihrer Größe geordneten Messwerte halbiert. Das bedeutet, die eine Hälfte der Messwerte liegt unter dem Median, die andere Hälfte darüber. Er entspricht damit dem 50. Perzentil.

Mittelwert

Der Mittelwert ist eine statistische Kennzahl, die zur Charakterisierung von Daten dient. Im vorliegenden Bericht wird ausschließlich der arithmetische Mittelwert benutzt. Er berechnet sich als Summe der Messwerte geteilt durch ihre Anzahl.

Perzentil

Perzentile sind Werte, welche die Reihe der nach ihrer Größe geordneten Messwerte teilen. So ist z. B. das 90. Perzentil der Wert, unter dem 90 % der Messwerte liegen, 10 Prozent hingegen liegen über dem 90. Perzentil.

Polyzyklische aromatische Kohlenwasserstoffe (PAK)

Polyzyklische aromatische Kohlenwasserstoffe (PAK) sind eine Stoffklasse von mehr als 250 organischen Verbindungen, die mehrere kondensierte aromatische Ringe enthalten. Sie entstehen bei der unvollständigen Verbrennung von organischem Material bei Temperaturen im Bereich von 400–800 °C. Eine Kontamination von Lebensmitteln tritt daher insbesondere dann auf, wenn diese z. B. beim Trocknen oder Räuchern in direkten Kontakt mit den Verbrennungsgasen kommen. Das Gefährdungspotenzial, das von PAK ausgeht, liegt in der krebserzeugenden Eigenschaft vieler polyzyklischer aromatischer Kohlenwasserstoffe begründet. Der bekannteste Vertreter dieser Stoffklasse ist Benzo(a)pyren. Es ist stark krebserzeugend und erbgutverändernd und gilt derzeit als Leitsubstanz für polyzyklische aromatische Kohlenwasserstoffe. Eine Ausdehnung der Höchstgehaltsregelungen auf 3 weitere Leitsubstanzen (Chrysen, Benz(a)anthracen, Benzo(b)fluoranthen) wird zurzeit in der zuständigen Arbeitsgruppe der EU-Kommission, in der Sachverständige der Mitgliedstaaten vertreten sind, diskutiert.

Quantifizierte Gehalte

Als „quantifizierte Gehalte" werden Konzentrationen von Stoffen bezeichnet, welche über der jeweiligen Bestimmungsgrenze liegen und folglich mit der gewählten analytischen Methode zuverlässig quantitativ bestimmt werden können.

Richtwert („m")

Richtwerte geben eine Orientierung, welche Mikroorganismengehalte in den jeweiligen Lebensmitteln bei Einhaltung einer guten Hygienepraxis akzeptabel sind. Im Rahmen der betrieblichen Eigenkontrollen zeigt eine Überschreitung des Richtwertes Schwachstellen im Herstellungsprozess und die Notwendigkeit an, die Wirksamkeit der vorbeugenden Maßnahmen zu überprüfen, und Maßnahmen zur Verbesserung der Hygienesituation einzuleiten.

Rückstand

Als „Rückstände" im eigentlichen Sinne werden im Gegensatz zu Kontaminanten die Rückstände von absichtlich zugesetzten bzw. angewendeten Stoffen bezeichnet.

So sind Rückstände von Pflanzenschutzmitteln definiert als: Ein Stoff oder mehrere Stoffe, die in oder auf Pflanzen oder Pflanzenerzeugnissen, essbaren Erzeugnissen tierischer Herkunft oder anderweitig in der Umwelt vorhanden sind und deren Vorhandensein von der Anwendung von Pflanzenschutzmitteln herrührt, einschließlich ihrer Metaboliten und Abbau- oder Reaktionsprodukte.

„Tierarzneimittelrückstände" bezeichnen alle pharmakologisch wirksamen Stoffe, seien es wirksame Bestandteile, Arzneiträger oder Abbauprodukte und ihre Stoffwechselprodukte, die in Nahrungsmitteln auftreten, welche von Tieren gewonnen wurden, denen das betreffende Tierarzneimittel verabreicht wurde.

TDI (Tolerable Daily Intake)

TDI steht für „Tolerable Daily Intake" (duldbare tägliche Aufnahmemenge) und gibt die Menge eines Stoffes an, die ein Mensch ein Leben lang täglich aufnehmen kann, ohne dass nachteilige Wirkungen auf die Gesundheit zu erwarten sind.

Toxizität/toxisch
Giftigkeit/giftig

Warnwert („M")
Warnwerte geben Mikroorganismengehalte an, deren Überschreitung einen Hinweis darauf gibt, dass die Prinzipien einer guten Hygiene- und/oder Herstellungspraxis verletzt wurden. Bei einer Warnwertüberschreitung von pathogenen Mikroorganismen wie Salmonellen und *Listeria monocytogenes* ist eine Gesundheitsgefährdung des Verbrauchers nicht auszuschließen.

Abs.	Absatz		k. A.	keine Angabe
ALARA	As Low As Reasonably Achievable; so niedrig wie vernünftigerweise erreichbar		KbE	Koloniebildende Einheit
Art.	Artikel		LALLF M-V	Landesamt für Landwirtschaft, Lebensmittelsicherheit und Fischerei Mecklenburg-Vorpommern
AVV	Allgemeine Verwaltungsvorschrift		LAV	Länderarbeitsgemeinschaft Verbraucherschutz
BfR	Bundesinstitut für Risikobewertung			
BGBl	Bundesgesetzblatt		LAVES	Niedersächsisches Landesamt für Verbraucherschutz und Lebensmittelsicherheit
BMEL	Bundesministerium für Ernährung und Landwirtschaft		LAV-SA	Landesamt für Verbraucherschutz Sachsen-Anhalt
BÜp	Bundesweiter Überwachungsplan			
BVL	Bundesamt für Verbraucherschutz und Lebensmittelsicherheit		LFGB	Lebensmittel- und Futtermittel-Gesetzbuch
BzL	Berichte zur Lebensmittelsicherheit		LK	Landkreis
CVUA	Chemisches und Veterinäruntersuchungsamt		LLBB	Landeslabor Berlin-Brandenburg
			LUA	Landesuntersuchungsamt
DGHM	Deutsche Gesellschaft für Hygiene und Mikrobiologie		LVI	Lebensmittel- und Veterinärinstitut
			m	Richtwert (DGHM)
DIN	Deutsches Institut für Normung e. V.		M	Warnwert (DGHM)
EFSA	Europäische Behörde für Lebensmittelsicherheit (European Food Safety Authority)		MHD	Mindesthaltbarkeitsdatum
			n	Anzahl (Proben)
EG	Europäische Gemeinschaft		n. b.	nicht bestimmbar
ELISA	Enzyme-linked Immunosorbent Assay		n. n.	nicht nachgewiesen
EU	Europäische Union		OWL	Ostwestfalen-Lippe
GDCh	Gesellschaft Deutscher Chemiker e. V.		PAK	polyzyklische aromatische Kohlenwasserstoffe
HACCP	Gefahrenanalyse kritischer Kontrollpunkte (Hazard Analysis and Critical Control Point)		PCR	Polymerase-Kettenreaktion (Polymerase Chain Reaction)
			RRW	Rhein-Ruhr-Wupper
ILC	Institut für Lebensmittelchemie		RÜb	Rahmenüberwachung
JECFA	Gemeinsamer FAO/WHO-Sachverständigenausschuss für Lebensmittelzusatzstoffe (Joint FAO/WHO Expert Committee on Food Additives)		TDI	Tolerable Daily Intake
			TWI	Tolerable Weekly Intake
			TLV	Thüringer Landesamt für Verbraucherschutz
JVL	Journal für Verbraucherschutz und Lebensmittelsicherheit		VO	Verordnung

Berichte zur Lebensmittelsicherheit 2014, DOI 10.1007/978-3-319-27906-0_10,
© Bundesamt für Verbraucherschutz und Lebensmittelsicherheit (BVL) 2016